山东省社会科学规划研究项目文丛·青年项目（编号：12DGLZ01）
2019年山东省学位与研究生教育质量强化建设项目（聊城大学世界史学科）

〔美〕欧内斯特·S. 道奇（Ernest S. Dodge） /著

宋立杰 /译

赵少峰 /校

南太平洋地区的葫芦文化

GOURD GROWERS OF THE SOUTH SEAS

An Introduction to the Study
of the Lagenaria Gourd
in the Culture of the Polynesians

社会科学文献出版社
SOCIAL SCIENCES ACADEMIC PRESS (CHINA)

目　录

前　言

1941 年春，新英格兰葫芦协会（The New England Gourd Society，美国葫芦协会的前身）出版了第一部关于某一特定原始部落的葫芦文化方面的专著——《美国东南部印第安人的葫芦文化》（*Gourds of the Southeastern Indians*），作者为宾夕法尼亚大学的弗兰克·G. 斯佩克博士（Dr. Frank G. Speck, the University of Pennsylvania）。该书一经出版，便受到了市场的广泛欢迎，并获得了读者的高度评价。鉴于此，协会决定继续出版类似的专著，以构建葫芦文化主题的民族志系列丛书。

《南太平洋地区的葫芦文化》是该系列丛书的第二部著作，致力于阐述波利尼西亚人的葫芦文化，作者欧内斯特·S. 道奇（Ernest S. Dodge）为马萨诸塞州塞勒姆市皮博迪博物馆（Peabody Museum of Salem, Massachusetts）民族学与博物学部的馆长助理。波利尼西亚（Polynesia）是太平洋三大岛群之一，北起夏威夷群岛（Hawaiian Islands），南至新西兰（New Zea-land），西自汤加（Tonga），东抵复活节岛（Easter Is-land）。尽管这一岛群过去鲜为人知，但是波利尼西亚的许多地区以及正陷于无情战火之中的太平洋其他地区，目前已是家喻户晓。18 世纪以后，随着欧美殖民者的入侵，波利尼西亚地区的土著文化被白人毁坏殆尽。不过，一些富有价值的资料却以各种形式（如博物馆的标本、早期见证者的叙述、老人的回忆等）留存了下来，成为窥究土著居民行为特征与生活习俗的重要依据。

该书在内容方面有两大突破。其一，专辟章节详细地阐述葫芦的装饰方法。许多波利尼西亚人将葫芦装饰得异常精致，并赋予其一定的象征意义，这一点是美国东南部印第安人难以企及的。此部分内容对于研究当地的原始艺术具有非常重要的价值。其二，专辟章节系统地介绍与葫芦相关的宗教信仰、创世神话和世俗观念。

道奇先生一直致力于波利尼西亚地区的艺术研究，已出版过多部力作，因而在该研究领域拥有相当的权威。如今，道奇先生又涉入一处前无古人的全新领域，我相信该书也必将成为一部经典之作。美国葫芦协会（The Gourd Society of America）欣然承担了该书的推介

任务，以便能使更多的读者了解波利尼西亚地区以及该
地区的葫芦文化。

斯特林·H. 普尔（Sterling H. Pool）

美国葫芦协会主席

致　谢

　　在写作过程中，得到了许多同人、朋友、亲人的无私帮助和慷慨支持，在此表示衷心的感谢。火奴鲁鲁市伯妮丝·P. 毕晓普博物馆（The Bernice P. Bishop Museum, Honolulu）的彼得·H. 巴克博士（Dr. Peter H. Buck）和肯尼思·P. 埃默里博士（Dr. Kenneth P. Emory），新西兰惠灵顿市多明尼恩博物馆的 W. J. 菲利普斯（W. J. Phillipps, Dominion Museum, Wellington, New Zealand）、尼尔森市的 F. V. 纳普（F. V. Knapp of Nelson, New Zealand）、克莱斯特彻奇市坎特伯雷博物馆的罗杰·达夫（Roger Duff, Canterbury Museum, Christchurch, New Zealand），马萨诸塞州剑桥市的卡尔博士（Dr. Carl of Cambridge, Massachusetts），哈佛大学皮博迪考古学与民族学博物馆（Peabody Museum of Archaeology and Ethnology, Harvard University）的弗雷德里克·P. 奥查德（Frederick P. Orchard）、格恩西女士（Miss Guernsey）和其他工作人员都为本书提供了一些珍贵的照片、标本等资料。哈佛大学植物学博物馆的 F. 特蕾西·哈伯德馆员（F. Tracy Hubbard, Librarian of the Botanical Museum, Harvard University）、夏威夷大学的哈罗德·圣·约翰教授（Professor Harold St. John, University of Hawaii）和美国葫芦协会的斯特林·H. 普尔主席（Sterling H. Pool, the Gourd Society of America）均为本书提供了丰富的植物学资料。宾夕法尼亚大学的弗兰克·G. 斯佩克博士对书稿进行了审阅，并提出了很多颇有价值的建议、批评和指导。马萨诸塞州费尔黑文市的史蒂芬·B. 纳托尔（Stephen B. Nuttall of Fairhaven, Massachusetts）为本书提供了大量的语言学资料。最后，我要将最诚挚的感谢送给我的叔叔——来自马萨诸塞州安杜佛镇的埃德温·T. 布鲁斯特（Edwin T. Brewster of Andover, Massachusetts），书稿经其修改、润饰之后，文采大为提升，篇章大为增色。

欧内斯特·S. 道奇（Ernest S. Dodge）

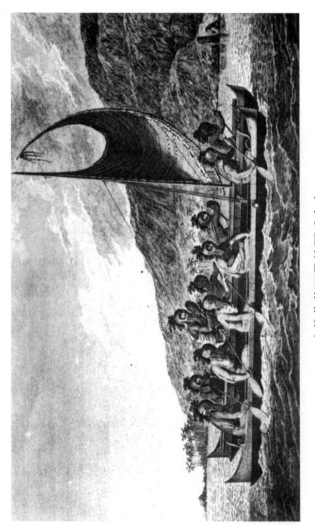

头戴葫芦面具的夏威夷人
（《库克的第三次航行》，第65幅插图）

|第一章|

地理风情

在欧洲殖民者到来之前（前殖民时期），波利尼西亚人或许是这个世界上对葫芦感知度最高的人群。其中，夏威夷人受葫芦的影响尤为强烈，葫芦在其日常生活中的功用不可胜数。夏威夷人的一生都与葫芦有着不解之缘。他们听着一则世代流传的神话长大——天地万物实际上就是一只硕大无比的葫芦，天空是葫芦的上半部分，大地是葫芦的下半部分，而天地之间的各个星球则是葫芦的种子和果肉；他们喝水时用的是葫芦水壶（gourd bottle），吃饭时用的是葫芦碗（gourd bowl），跳舞时要和着葫芦鼓（gourd drum）的节奏，与恋人幽会时会以葫芦哨（gourd whistle）作为暗号……在去世之后，他们的尸骨则会被清洗干净，然后保存在由葫芦制成的骨灰盒里。在介绍葫芦的种植方法、功效用途、神话故事之前，我们不妨先简要地浏览一下波利尼西亚人的生存环境和生活方式。

一

在地球上，四大海洋浩瀚广阔，诸多岛屿星罗棋布。海洋之中，面积最大的是太平洋，拥有岛屿最多的也是太平洋。

波利尼西亚意为"多岛群岛"，是点缀在太平洋中央的众多岛屿的合称。此区域可以用一个三角形进行框定，三个端点分别为北面的夏威夷群岛、西南面的新西兰和东南面的复活节岛（与南美洲海岸线的最近距离超过2000英里），三条边即为各端点的连线。在三角形区域内部，各岛（群）之间彼此相距很远。例如，新西兰的奥克兰市（Auckland）距离夏威夷州的火奴鲁鲁市（Honolulu）3830英里，夏威夷群岛距离塔希提岛（Tahiti）2300英里，芒阿雷瓦群岛（Mangareva Islands）距离复活节岛1600英里。在波利尼西亚与东印度群岛（the East Indies）之间，还有两大岛群并行排列，北为密克罗尼西亚（Micronesia），南为美拉尼西亚（Melanesia），与波利尼西亚共同构成太平洋的三大岛群。

在波利尼西亚的所有岛屿之中，比较重要的岛屿如下：位于最北部的夏威夷群岛；几乎坐落在夏威夷群岛和复活节岛连线中心的马克萨斯群岛（Marquesas Islands）；

坐落于中部的社会群岛（Society Islands）、库克群岛（Cook Islands）和南方群岛（Austral Islands）；居于东部的土阿莫土群岛（Tuamotu Archipelago）和芒阿雷瓦群岛；位于西部的萨摩亚群岛（Samoa Islands）和汤加群岛（Tonga Islands）；处于最西南端的新西兰。此外，波利尼西亚还有其他几个群岛，但相较而言，它们面积狭小，人口稀少。除群岛外，还有许多小孤岛，它们游离于波利尼西亚岛群之外，被一些居住着美拉尼西亚人（Melanesian，其外形相貌与波利尼西亚人有着显著差异）的岛屿环绕。

波利尼西亚的岛屿分为两种类型。一种为火山岛（volcanic island），面积通常较大，岛上高山绵延起伏，热带或亚热带植物郁郁葱葱；另一种为珊瑚岛（coral atoll），面积较小，地势较低，土壤极为贫瘠，仅有少量的可食植物生长。

火山岛上不仅盛产椰子、面包果、香蕉和大蕉（plantain），而且生长着许多珍贵的块茎植物，如香芋（taro）、山药（yam）、姜黄（turmeric）、竹芋（arrowroot）和甘薯等。还有一种叫作露兜树（pandanus）的植物，其果实状如凤梨，可以食用；其叶子外形如剑，用途较广，如覆盖屋顶、编制席子或篮子等。火山岛上不可食用的重要植物有两种：一是构树（paper mulberry），用来制作树皮布（the bark cloth，土著人称其为 tapa 或

kapa，汉译为塔帕或卡帕）；二是葫芦，其用途在以后的章节中进行详细介绍。土著人的肉食来源为家禽、狗和猪，但也有例外。例如，马克萨斯群岛的居民不饲养猪，芒阿雷瓦群岛的居民不饲养家禽，新西兰的居民则两者都不饲养。值得一提的是，几乎所有的波利尼西亚人，都曾偶尔以人肉作为肉食的补充，这种食人肉的行为的确有些残忍血腥。

珊瑚岛上仅生长着露兜树、椰子树以及为数不多的香芋。岛的周围海域盛产鱼虾，但岛上鲜有饲养禽畜的人家。在食物极度匮乏的饥荒年代，无论是在火山岛上还是在珊瑚岛中，那些在平时都不会正儿八经瞧一眼的种子、根茎、海草，却都是当地居民盘中的佳肴美味。通过上述比较，不难发现，与火山岛的居民相比，珊瑚岛的居民生活更加原始简朴。

二

自从人类出现在地球上以来，人群的迁移早已司空见惯。如果感到原来的生活空间过于狭小，抑或觉得原先的土地不够富饶，人们就一次次地带上自己的妻儿、家当、禽畜，出发去寻找新的家园。广阔的亚洲大陆，可能是人类起源的摇篮，也是人口迁移最主要的源头。

亚洲移民多由陆地长途跋涉至欧洲或非洲，也有一些移民会横穿狭窄的水域。例如，美洲印第安人的祖先，就是从亚洲出发，然后穿越白令海峡（Bering Strait）到达阿拉斯加（Alaska），再南下到达美洲各地。但是，没有任何移民能比那些勇敢的航海者（波利尼西亚人）更富于开拓精神，即便是欧洲殖民者在北美洲长达300年的移民浪潮也望尘莫及；这些航海者从东南亚出发，横渡太平洋达9000英里，最后在距离南美洲海岸线2000英里的海岛上定居下来，或许他们也曾到达美洲大陆。[1]这一移民过程世世代代持续不断，定居点也逐渐东移，即从一个海岛向东移至更远的另一个海岛。波利尼西亚人具体来自何处已无从知晓，而且对他们的航海路线仍然存在争议，尽管现有的证据更倾向于表明他们沿循一条方向更偏北的路线航行，即取道北面的密克罗尼西亚，而不是经由南面的美拉尼西亚。巴克巧妙地指出，波利尼西亚人可能取道密克罗尼西亚来到了他们如今的家园，而他们食用的绝大多数植物、家禽家畜却是经由美拉尼西亚到达的。[2]

就体貌而言，波利尼西亚人可谓英俊潇洒。他们身材魁梧，肌肉发达，肤色一般为浅棕色，头发不像非洲黑人那样卷曲，眼睛不像蒙古人那样有眦褶，其相貌特征与欧洲人非常相似，完全符合欧洲人的审美标准。这种现象绝非偶然，尽管波利尼西亚人明显属于混血人种，但体质调查显示他们的体质更加接近于高加索人，而不是非洲黑人或蒙古人。波利尼西亚人的祖先可能是白色人种的一个分支，最初生活在印度－马来亚区（Indo-Malayan）的某个区域，然后逐渐脱离亚洲大陆，越行越远。

波利尼西亚人的航海技术相当高超，可由以下事实得到印证。在波利尼西亚地区，只要一个岛屿拥有基本的宜居条件，现在就会有人居住或者最近曾经有人居住。波利尼西亚人坐在用石锛刨成的独木舟里，朝着如此渺小的目的地，航行如此长远的距离，这一壮举素来让那些对太平洋有所了解的其他人惊羡不已。几个世纪以前，欧洲人对航海还保持高度谨慎的态度，从来不敢到大西洋探险，唯恐会从地球的边缘掉下去（尽管更早之前，许多北欧海盗曾经冒着风暴横渡大洋来到北美洲）。然而，早在哥伦布之前的三个世纪，波利尼西亚的航海者就制造出了体积较大的独木舟，从而解决了小独木舟的超员问题。他们带上亲戚朋友、饮水、蔬菜、几头肥猪，可能再带上一只家犬，离岸启航，驶入大海。他们不停地航行，满怀希望地去寻找另一块新的肥沃土地。可能会有一块陆地隐隐约约地出现在地平线上，而此时他们或许已经航行了 2000 英里。当然，早期的探险者并不知道自己能否找到陆地。很多探险者或被海上的风暴淹没，或被活活饿死，最终没有发现陆地。除探险航行外，漂流航行（drift voyage）无疑也在岛屿的人口移居过程中起到了一定的作用。渔船或其他适于短程航行的船只，偶尔会遭遇海上的大风，从而偏离航线，可能有时会在数英里之外的岛屿登陆。

在波利尼西亚地区被拓殖之后，海岛之间的航行持续不断。与以往的海上探险不同，此时的海上航行具有明确的目标，具备周密的航行计划，而且需要较为高超的航海技术。酋长负责制订航行计划，并配备一艘体积较大的独木舟。如果航行队伍规模较大，可能需要配备几艘如此体量的独木舟。远距离航行的独木舟有两种：第一种拥有一个较大的船体和一个舷外支架；第二种可能在远距离航行中更为常见，它拥有两个相距大约 6 英尺的船体，中间由一个凸起的站台或甲板相连。两种独木舟各具优点，前者的速度更快，而后者能够运输更多的人员和装备，更适用于远航拓殖。一般来说，独木舟的长度在 60 ~ 80 英尺。不过，据早期的观察者记述，独木舟的长度有时甚至会超过 100 英尺。

除了独木舟船体、船桨、水勺、桅杆以及用露兜树叶制作的船帆等设备外，每艘船都会装载大量的食物、水、家禽，有时还会有几头猪、几只狗。其中，水无疑是最重要的生活资源，因为对于有经验的渔民来讲，从海中捕鱼充饥那是小菜一碟。鱼既可以生吃，也可以在船舱的壁炉上使用携带的木柴烹饪。

10 ~ 14 世纪，海岛之间的远程航行达到顶峰。

1350 年，一批来自社会群岛的波利尼西亚人，取道库克群岛到达新西兰，结束了此地没有波利尼西亚人居住的历史。

这些强健的航海者最令人惊叹的成就，就是他们驾驶这些体量庞大的独木舟成功地到达了目的地。这一成就之所以能够实现，是与其高超的航海技术和丰富的航海知识密不可分的。虽然没有指南针或其他导航仪器，但是他们熟悉行星的运行规律、星星的运动轨迹、星座的出现季节、月亮的变化规律以及太阳在赤道南北的位置变化。利用这些天象知识，加上战胜狂风大浪的丰富经验，他们一次又一次平安地到达了目的地。这些充满智慧的原始先民完成了如此壮举，因而他们的名字屡屡出现在后来的航海传说或故事中，并一代代地口头流传下去。

三

在波利尼西亚文化中，有一种现象让人相当惊讶，那就是尽管居住区域非常广阔，岛屿之间彼此分离，人口分布颇为分散，但是文化具有普遍的同质性。当然，其中也存在许多亚文化群体。在亚文化群体内部，各岛屿之间的文化相似度相对较高，而亚文化群体之间的文化相似度相对较低。伯罗斯（Borrows）曾对此做过很好的总结，他认为波利尼西亚西部地区是最为独特的文化区域，包括萨摩亚、汤加、乌韦阿岛（Uvea）、富图纳岛（Futuna）[3]。西部地区的文化之所以与中部地区、边缘地区存在很多差异，最主要的原因在于这一地区与邻近的斐济（Fiji，居民多为美拉尼西亚人）联系较为紧密。尽管边缘地区与中部地区的差异远不如它们与西部地区的差异大，但是这一文化差异足以将边缘地区的新西兰、复活节岛、芒阿雷瓦群岛、马克萨斯群岛与中部地区的社会群岛、库克群岛、南方群岛、土阿莫土群岛、夏威夷群岛、拉帕岛（Rapa）区分开来。在中部地区与西部地区之间有一个与二者都有密切联系的过渡区域，包括纽埃岛（Niue）、马尼希基环礁（Manihiki）、拉卡杭阿环礁（Rakahanga）、汤加雷瓦岛（Tongareva）、托克劳群岛（Tokelau）和埃利斯群岛（Ellice，图瓦卢的旧称）。

从总体上来说，波利尼西亚文化是以原始的农业经济和渔业经济为基础的。由于该地区野生动物稀少，因此这里的土著人并不以狩猎为生。

波利尼西亚人砍伐、加工木材时所使用的锋利工具多为石器。在一些没有石头的珊瑚岛上，土著人则以贝壳作为工具。波利尼西亚人是一群心灵手巧的艺人，他们用自己灵巧的双手制作了精致的独木舟、木碗、雕刻木棍、船桨、屋柱等艺术品。在芒艾亚岛（Mangaia，属于库克群岛）上的锛柄、赖瓦瓦埃岛（Raivavae，属于南方群岛）上的船桨以及一些岛屿上的木棍上，都刻有精美的图案，它们都是用鲨鱼牙齿刻成的。绝大多数图案为几何图形，在一些地区也会有人或动物的形象，而新西兰地区则以其精巧的曲线图案而独树一帜。除波利尼西亚西部地区之外，其他地区的人像雕刻都各具特色，栩栩如生。

波利尼西亚人的宗教信仰具有多元化的特征，他们信奉的神灵数量众多，其中以对塔尼（Tane，森林之神）、唐加罗瓦（Tangaroa，海洋之神）、隆戈（Rongo，耕作之神）和图（Tu，战争之神）的信仰最为突出。但是，众神的地位存在明显的地区差异，而且不同地区的神话创作、来世信仰、祖先家园传说也存在很大差异。不过，"禁忌"（tapu）和"超自然力量"（mana）这两个概念在各个地区是通用的。[4]不管是在正式仪式之中，还是在日常生活之中，卡瓦酒（kava）都是广受欢迎的一种饮料。尤其是在波利尼西亚西部和中部地区，饮用卡瓦酒的传统更是根深蒂固。

总体而言，波利尼西亚人被分为三个阶层：酋长、贵族和平民。不过，在不同族群之间，各个阶层的权力及其界限存在很大差异。

将波利尼西亚各个地区联为一体的最重要的因素便是语言。尽管每个族群、每个海岛甚至一个海岛内部各地区会有自己的独特方言，但是整个波利尼西亚地区的通行语言只有一种。各地区之间的方言差异，往往是改变或替换辅音所致。一个辅音的替换有两种方式：一是使用另外一个字母替换；二是用一个喉塞音（glottal stop）替换，书写时会以相应的符号标记。

总之，波利尼西亚人是新石器文化时代操着同一种语言的人群，其文化在某些方面比较先进，而在另一些方面却比较落后。这种落后状况的存在，往往是缘于生态环境条件的限制。他们拥有卓越高超的航海技术，世世代代生活在浩瀚辽阔的海洋之中。

四

以上就是我们对波利尼西亚居民及其文化所做的简要描述，这项工作是必需的，它为我们接下来各章的详细叙述（葫芦作物和果实的分布状况以及它们在当地居民文化、经济方面的重要性）提供了必要的预备知识。随着欧洲美食、乐器以及其他科技产品的传入，传统的波利尼西亚文化遭受重创，导致包括葫芦在内的本土产品失去了原来的地位和用途。对于葫芦文化进行的任何研究，绝大多数资料必然需要依靠文献著作和博物馆藏品获得。而且，葫芦文化的研究视角必须主要着眼于各民族的过去，而不是着眼于现在。不过，目前关于葫芦文化方面的考古资料比较少，有两个方面的原因。第一，葫芦本身易碎，不易保存；第二，与民族学家已知的其他考古发现相比，波利尼西亚地区的考古发现并没有呈现出太多的文化差异。

在我收集到的一手资料中，最重要的藏品来自哈佛大学皮博迪考古学与民族学博物馆和塞勒姆市皮博迪博物馆；还有一部分是来自玛西娅·布朗·毕晓普女士（Mrs. Marcia Brown Bishop）的夏威夷藏品，目前也存放于塞勒姆市皮博迪博物馆。目前，许多珍贵的欧洲藏品很难获得，不过可以从火奴鲁鲁市的伯妮丝·P.毕晓普博物馆（简称"毕晓普博物馆"）和新西兰的几家博物馆获得一些重要藏品的照片。另外，毕晓普博物馆曾经开展广泛的田野调查，对波利尼西亚地区绝大多数岛屿的文化遗存进行了系统科学的记录和整理，也是本书重要的资料来源。

波利尼西亚葫芦文化研究的核心区域为夏威夷群岛，其原因有二：第一，从该区域收集到的资料最为丰富；第二，葫芦在该区域的用途最为广泛。

第二章

葫芦作物及其果实

　　无论是由珊瑚虫遗骸堆筑而成的珊瑚岛，还是由剧烈的地壳运动而形成的火山岛，都不具备黏土沉积的必需条件。只有在一条大河流经大陆土地的情况下，这一沉积过程才会实现。因此，珊瑚岛和火山岛上都没有黏土。正因为如此，整个波利尼西亚地区从未出现过陶器。

　　过去，若要判断某一原始人类文明程度的高低，其中的一个重要标准就是他们是否使用陶器。但是，这一标准很明显不能适用于评判波利尼西亚人，因为在他们生活的这块土地上就没有用来制作陶器的原材料，正所谓巧妇难为无米之炊。

　　由于没有黏土，波利尼西亚人就使用木头或石块制作碗、盘等餐具（木碗往往由一块木头精心雕刻而成，形态各异，颇为盛行），或者利用葫芦、椰子或竹子等材料做成各种生活用具。从盛器的角度而言，葫芦在波利尼西亚地区的重要性，可能要强于世界上其他任何一个同类文化区域。

葫芦目前在世界范围内广泛种植，而其使用价值在很久以前就已为人们所熟知。在哥伦布发现美洲大陆之前的秘鲁墓穴中，人们曾经发现了葫芦果实的碎片；先知约拿（Prophet Jonah）曾经在葫芦藤下躲避伊朗烈日的曝晒。在波利尼西亚地区，葫芦仅生长于火山岛，而珊瑚岛上则没有葫芦种植。因此，与居住在珊瑚岛上的同胞们相比，居住在火山岛上的人们在生活方面具有一大优势——如果需要新的葫芦作盛器，葫芦从播种到成熟只需要等几个月的时间；而如果需要新的椰壳作盛器，椰子树从幼苗到结果则需要几年的时间。[1]

一

狭义上的葫芦，生物学学名是 Lagenaria（即葫芦科葫芦属植物，为本书的研究对象），其花朵为白色，果实形态多样，外壳坚硬，轻便耐用，不仅是非常理想的天然盛器，而且有很多其他用途。葫芦属植物是葫芦科植物家族（Cucurbitaceae，是广义上的葫芦）的成员，其"兄弟姐妹"包括西葫芦、南瓜、甜瓜、黄瓜等。现在，葫芦在世界上的分布范围非常广泛，绝大多数热带地区和亚热带地区均有葫芦生长，既有野生的葫芦，也有人工种植的葫芦。葫芦原来应是生长在热带地区的古老野生植物，但人们很早就开始对其进行人工栽培，并将其带到世界上的其他地方。

作为一种农作物，葫芦在美拉尼西亚地区的种植历史可能更久。后来，葫芦被波利尼西亚人获得，开始在当地广泛种植。葫芦在南美洲也有种植，有一种理论认为，是擅长远航的波利尼西亚人将葫芦种子带到了秘鲁海岸。或许也正是在那时，波利尼西亚人又将原产于南美洲的甘薯带回了西边的波利尼西亚地区。

欧洲殖民者到达波利尼西亚地区之后，将各种各样的葫芦科植物引入。如今，人们在许多地方都可以见到甜瓜、南瓜、西葫芦、黄瓜、丝瓜等葫芦科植物。例如，怀尔德（Wilder）曾对库克群岛的葫芦科植物列过一个清单，一共包括 7 个物种（不含葫芦属植物）。[2]

前殖民时期，Lagenaria vulgaris（即原变种的葫芦，葫芦属中最重要、最基本、最常见的品种）或许是波利尼西亚地区唯一的本土物种。多年以来，有一种观点认为，夏威夷的巨型葫芦（ipu nui or giant bottle）是一种仅生长于夏威夷群岛的南瓜属植物（Cucurtita），而且是一种在白人到来之前就已存于此的本土植物。如今，有充分证据表明这一观点是错误的。[3]

这种被夏威夷人称为伊普努伊（ipu nui）、现在已经绝迹的巨型葫芦，着实令人好奇。一些民族学标本，如跳草裙舞（hula，又被称为"呼拉舞"）时伴奏所用的鼓，据说就是由这种巨型葫芦制作而成的。最初，希勒布兰德（Hillebrand）于 1888 年将其认定为南瓜属植物。随后，许多描写夏威夷群岛自然历史、人文历史和民族风情的作者也将其称为 Cucurbita maxima（意为"特别大的南瓜"）。[4] 不过，并不是所有的作者都认可上述说法，有些作者认为巨型葫芦应该是葫芦属家族的成员之一，从而导致了对该物种归属认知上的某种混乱。[5] 据说，在库克船长（Captain Cook）发现夏威夷群岛时，巨型葫芦就早已在这里被人工种植。在当时的波利尼西亚其他任何地区，却没有任何南瓜属植物生长，因而巨型葫芦是不是原生物种的问题也一直悬而未决。

最近，康奈尔大学（Cornell University）的 A. J. 埃姆斯（A. J. Eames）博士利用显微镜对巨型葫芦的几块碎片进行了细致的研究，并且确定这种外壳厚实的葫芦属于葫芦属植物的一个品种。[6] 巨型葫芦的果实有时直径可达数英尺，而在波利尼西亚的其他任何地区从未出现过果实如此硕大的植物。显而易见，巨型葫芦应是夏威夷群岛的独有品种。

葫芦属家族的各成员，其果实在形状、大小和纹理等方面都存在显著差异。不同品种的葫芦，不仅在名称上存在差异，而且在用途方面也各有千秋。这一点在夏威夷群岛体现得尤为明显，汉迪（Handy）曾对该地区的葫芦列出了一个清单，共包括 10 多种形态各异、名称不同的葫芦。[7]夏威夷葫芦家族的两种常见品种为苦葫芦（bitter gourd）和甜葫芦（sweet gourd）。据说岛上的居民更喜欢用苦葫芦制作器具，其原因是这种葫芦的外壳更为坚硬，而且防虫蛀的效果更好。[8]

夏威夷群岛上还有其他几个常见葫芦品种（在波利尼西亚地区，这些品种的葫芦数量最为丰富），其果实呈沙漏状、球状或细长状。有的品种外壳超薄，有的品种外壳特别厚。有的品种的生长区域仅仅局限在一个岛上，例如有一种外壳较厚的葫芦就只生长于考艾岛（Kauai，夏威夷群岛八大岛屿之一）。[9]总之，在夏威夷群岛葫芦品种的问题上，不同的作者意见不尽相同，仍然存在较大分歧。[10]

许多作者在称呼夏威夷人使用的盛器时，常常使用 calabash 一词。这个单词不仅用来指代葫芦，也用来指称木碗，从而给人们的理解造成了较大的混淆。[11]当 calabash 这个单词出现时，人们永远不知道它的具体含义，它究竟指的是一个木碗、一个巨型葫芦，还是一个普通的葫芦，抑或只是代表某种容器？为了规避这一问题，比较好的方法是对这个单词的含义进行技术处理，将其界定为葫芦树（Crescentia cjuete，属于紫薇科葫芦树属）的果实。在称呼葫芦时，除了引文之外，本书一律不使用 calabash 一词。

二

葫芦的种植方法涉及农业和园艺两个方面，最丰富的数据来自波利尼西亚最北端的夏威夷群岛和最南端的新西兰，其中绝大多数内容都包含在汉迪和贝斯特（Best）两位作者的记述之中。[12]

在夏威夷群岛，阳光充分、雨水适中的一些地区，最适合葫芦生长。位于各海岛南侧背风面、靠近海岸的地势较低的炎热地带通常具备葫芦生长的优良条件。其中，尼豪岛（Niihau，夏威夷群岛八大岛屿之一）的生长环境最为适宜，所产的葫芦也最为闻名。[13]在盛产葫芦的地区，当地人可能会用葫芦去交换另外一个地区居民的其他产品，因此葫芦作为一种交易物品，在家庭经济方面具有重要的价值。

葫芦的种植始于雨季的初期，经过大约六个月的时间，葫芦就会成熟。汉迪曾经提到，由于葫芦的外壳比较坚硬，因此某个地区的居民在种植葫芦时对铁制工具情有独钟。[14]当然，这种情形肯定发生在后殖民时代，此时铁器已经取代了原始的木器、石器和贝壳。

汉迪还对葫芦的播种方法和过程进行了形象的叙述。在当地人的传统观念中，负责播种的人应该大腹便便，而且在播种之前，他需要饱餐一顿，将肚皮撑得鼓鼓的，那么葫芦也将会长得像他的肚皮一样又大又圆。带着葫芦种子到地里时，他应该弯着腰，收拢双臂，做鞠躬状，就像怀里抱着一个巨大的葫芦一样，一边蹒跚行走，一边大口喘气。到达事先挖好的土坑之后，他应该将手掌朝上摊开（手掌不能弯曲，也不能朝下，否则葫芦将会变形甚至枯萎），双手向外猛地一下将种子抛入坑中。与此同时，他还需要念诵如下祷文：

> 好一个大葫芦啊！
> 长得就像一座高山一样，
> 将它驮在背上，
> 这个葫芦可真是大啊！

在这首短小祷文的激励下，葫芦定能结出硕大的果实。毋庸置疑，这个仪式仅在播种巨型葫芦的种子时才会举行。[15]

在葫芦藤蔓的生长过程中，人们会非常注意不要随意行走，以防将影子"洒落"到葫芦的花朵之上。究其原因，汉迪认为这是由于葫芦是农禄神（Lono，农耕之神）的化身，而罗伯茨（Roberts）认为这是因为人的影子会导致花朵枯萎。[16]汉迪还指出，由于葫芦是农禄神的化身，所以月经期的妇女绝对不能接触葫芦，于是人们从不将葫芦种植在房屋附近。[17]

在葫芦果实的生长过程中，需要给予精心的照料。如果照料时要触摸果实，则必须要在天黑以后或者天亮之前进行。果实下面的杂草、污垢或石头都需要清理干净，果实需要竖直摆放以防止变形。有时，人们会用三根木棍搭建一个支架，垫上一些树叶和青草，然后将果实轻轻地放在草叶之上。[18]通过这些方法，葫芦果实会长得既饱满又圆润，而且形态也会非常端正。

库克船长曾经说过，在葫芦的生长季节，可以通过勒扎的方式来改变果实的形状，但是汉迪访问的当地人否认了这一说法。[19]他们之所以否认，可能是由于他们生活的时代与库克船长发现夏威夷群岛的时代距离较远，而在此期间勒扎方法已经发生了某种变化。在毕晓普博物馆，有一件颇为奇特的葫芦水壶标本（如附图4 - A 所示）。水壶的颈部没有任何特殊之处，下面的球形部分却布满了圆形疙瘩。这些疙瘩就是通过勒扎的方式形成的。在葫芦果实成熟之前，用一个网子将其紧紧套住。随着果实的逐渐增长，它会慢慢地穿透各个圆形网孔，而原本平滑的表面上就形成了很多越来越明显的疙瘩。

葫芦在生长过程中的天敌包括介壳虫和蚜虫。还有一种凋萎病，可使葫芦藤蔓逐渐枯萎。汉迪曾提到，一旦葫芦生了凋萎病，卡乌地区（Kau，位于夏威夷岛最南端。夏威夷岛是夏威夷群岛的最大岛屿、八大岛屿之首，又称大岛）的绝大多数人，都会将葫芦藤拔出并用火焚烧。只有一家人没有焚烧葫芦藤，而是将其埋在地下，因为这家人笃信葫芦就是农禄神的化身。[20]有时，如果不幸遇到一个嫉妒心很强的邻居，他家的葫芦可能就会受到这个邻居的虐待甚至会被偷走。但是，如果葫芦的主人给自己的葫芦起上一个祖先的名字，邻居就会望而却步。[21]

在葫芦的茎部枯萎后，人们就可以从藤蔓上摘下果实。

三

在新西兰，葫芦种植区域非常广泛，这里的葫芦毫无疑问是波利尼西亚的移民引进过去的。据说，葫芦是新西兰最古老的外来物种之一，其原因是葫芦种子可以包裹起来，非常便于随身携带，而香芋或甘薯之类的物种，则只能整个整个地携带，相当不方便。葫芦若要长得最好，不仅需要潮湿、肥沃的土壤，还需要充足的阳光，具备这种生长条件的地方常常位于香芋种植区域内部或附近，或者位于靠近树林、灌木丛边缘的地带。[22]而在海拔较高的多山地区，葫芦则不会茁壮成长。新西兰南岛（the South Island）气候较冷，不适宜葫芦生长，这里的盛器主要是用当地特产海草的大叶子制成的。[23]

为了使种子尽快发芽，需要对其进行一定的处理。贝斯特引用了科伦索（Colenso，19世纪新西兰著名的传教士和植物学家）的如下记述：

> 在播种之前，先将葫芦用蕨叶包起来，放在流水中浸泡几天；然后将其种在盛满泥土和烂木头的篮子里，上面再盖上一层草叶，埋在离火较近的温暖的泥土里，直到种子发芽；最后，将秧苗从篮子里取出来，移植到其他地方。[24、25]

新西兰北岛东海岸（the East Coast of the North Island）的居民有时会先将葫芦种子种在苗床里，然后再对秧苗进行移植。[26]葫芦的播种时间，一般在每月的第16天（Turu，图鲁）和第17天（Rakau-nui，拉考努伊）之间，即月圆之后的两天之内。

贝斯特对葫芦种植的仪式进行了描述：

> 种葫芦的人双手各取一粒葫芦种子，用大拇指和食指捏住；然后面向东方，慢慢抬起两个胳膊，直至双手相碰；两个胳膊相距较远，围成一个近似的圆圈，以祈求葫芦能长成如此模样；在右胳膊抬

起的过程中，肘部要弯曲，使其外形看上去像葫芦的弯柄（如果葫芦用作盛水容器，弯柄是非常重要的构成部分）。[27]

当胳膊放下时，他会将两粒种子放入事先挖好的土坑之中。在这一过程中，他会一直重复诵唱如下祷文：

> 葫芦啊！
> 愿你茁壮地成长，
> 愿你的藤蔓上结出圆圆的果实，
> 愿你的果实又圆又大！[28]

怀特（White）则收集了另一则唱词：

> 我的种子叫什么？
> 我的种子叫图鲁（Turu），
> 我的种子叫拉考努伊（Rakau-nui），
> 它们在土堆里静静地休憩。
> 我神圣的土坑啊，
> 让您的孩子们和您躺在一起。
> 它们会像几维鸟（kiwi，新西兰国鸟）一样繁育儿女，
> 它们会像监督吸蜜鸟（moho，现在已经灭绝）

一样繁育儿女。

希望葫芦的每枝藤蔓上都挂满累累果实![29]

人们之所以在播种时反复吟诵这些唱词，就是希望在不久的将来会有一个好的收成。

在新西兰，葫芦的种植方法可能有两种。库克和其他早期到访者指出，葫芦被种植在坑里或者沟里，与英格兰国内种植黄瓜的方法较为相似。[30]不过，贝斯特在对当地居民的访问中得到了另外一种说法——他们将葫芦种子种在小土堆里。[31]在新西兰东海岸，人们先将葫芦种子种在苗床里，然后将秧苗移植到土堆里，在每个土堆里种四株秧苗。[32]

当葫芦的幼苗长出第四片叶子时，人们就开始着手进行培育工作。葫芦幼苗周围的土壤需要翻松；如果葫芦幼苗的顶部朝地面向下生长，则需要在其四周堆积土壤，然后用手压一压；在幼苗的周围，还可以撒上一些木灰当作肥料。[33]

毛利人（Maori，新西兰的原住民和少数民族）会对葫芦的雌花进行人工授粉，与欧洲人对南瓜进行人工授粉的方法颇为类似。[34]

在葫芦的生长季节，葫芦的果实，尤其是准备用作盛器的果实，需要精心照料。如果想要得到一个硕大的葫芦，需要将葫芦藤蔓的顶端掐掉，将一些较嫩的小葫芦果摘掉，只剩下一个葫芦果，然后将果实底下的地面清理干净并铺上一层沙子。如果希望得到一个用来储存鸟肉的葫芦，常常需要将果实竖放，然后用一些木桩将其固定，以确保它能够均匀生长。[35]有时，当葫芦果大约长到橘子大小时，需要小心翼翼地将它从地面上拿起，在其下面垫上干草，然后再将其小心翼翼地放回，保持姿势不变，直到葫芦成熟。[36]

人们期望葫芦能够结出丰硕的果实，因此会举行一个仪式——将当季的第一枚葫芦幼果摘下并进行烹饪。在烹饪过程中，做饭的妇女会将卡腊妙（karamu，新西兰的一种灌木植物）的一段枝干放在火灶里，然后双手在火灶上方做一些类似用挖掘棒挖掘土坑的动作。[37]

据说，在生长季节，用亚麻绳子绕葫芦果实的中部绑上一圈，葫芦会长成哑铃的形状。[38]

如果葫芦果实用作食材，在其较嫩时就需要采摘；如果用作盛器，则成熟后才能采摘，那时葫芦外壳会更坚硬、更加耐用。

梅特劳（Métraux）列举了复活节岛人工种植的葫芦品种。[39]不过，他也指出，尽管野生葫芦如今早已绝迹，但在 50 年前其数量不在少数。现在，关于当地人们种植葫芦的方法可能已经不为人知。1780 年，拉彼鲁兹（La Perouse，18 世纪的法国军官、航海家）提到当地人曾用葫芦装盛海水，他还写道他的园丁曾经留下了许多葫芦种子，供当地居民种植。不过，这些种子可能是黄瓜种子或者西葫芦种子。[40] 冈萨雷斯（Gonzalez，18 世纪的法国军官、航海家）在 1770 年、库克在 1774 年，都曾在复活节岛上发现有葫芦生长。[41]

四

在夏威夷，根据葫芦品种以及所需盛器类型的不同，葫芦果实的清理方式也会存在差异。如果要制作碗、杯子或其他广口容器，只需要将葫芦顶部切下，然后再将果肉掏出来即可。对于外壳不太硬的甜葫芦，这一过程会相对容易，盛器很快就可以使用。[42] 而对于外壳较硬的苦葫芦，这一过程则稍微复杂一点。首先，将葫芦尽可能地清洗干净。然后，将葫芦晾干；当葫芦外壳彻底硬化后，用浮石（pumice）或珊瑚将果肉掏出来。最后，将葫芦装满水，放上一段时间，直到苦味完全消失。[43] 在最后一个环节，还可采用另外一种办法：将葫芦灌满海水，然后每隔一天换一次水，一共持续十天。[44]

如果要用葫芦制作水壶，由于水壶的开口较小，所以处理起来就相对困难一些。首先，在葫芦顶部切开一个小口，往里灌水以加快果肉的腐烂；在果肉完全腐烂后，将其慢慢摇晃出来。其次，放入小石子和沙子，继续反复摇晃，直到里面所有的残余物都被清除干净。[45]

最后，往葫芦里装满清水，再放上一段时间，直到没有异味为止。[46]

新西兰葫芦水壶的制作方式与夏威夷有所不同。在采摘葫芦果实之后，将其放在火边烘干，或放在阳光下晒干，或将其埋在沙土（或砾土）中晾干，以加快果肉腐烂。然后，用砾石将腐烂的果肉挖出来。最后，将葫芦悬挂起来，烟熏硬化。[47]

尽管没有任何相关的记录，或许波利尼西亚其他地区在葫芦的清理方法方面与夏威夷、新西兰并没有太大的差异。

新西兰毛利人以甘薯为主食，而葫芦则是他们生活中的一种重要辅助食物；尤其是在夏天时，毛利人会大量地食用葫芦。[48]只有较嫩的葫芦才能食用，毛利人总是将葫芦放在土灶里烘烤，或者趁热吃，或者凉透了之后吃。[49]在波利尼西亚其他地区，人们一般不会食用葫芦，只有在饥荒年代才会以葫芦为食。夏威夷群岛的苦葫芦根本不能食用，但是它的汁液与海水或种子、果肉掺在一起，被当地的祭司用作强力泻药。[50]就目前所知，葫芦的药用价值仅限于夏威夷群岛，在波利尼西亚其他地区未见利用。

第三章

葫芦盛器

葫芦最明显的用途就是用来盛放东西，因此无论葫芦生长在哪里，它作为容器的功能都具有高度的普遍性。斯佩克（Speck）认为，美国东南部印第安人使用的陶器，其前身可能就是葫芦。[1]布里格姆（Brigham）则搜集了许多语言学证据，[2,3]认为夏威夷群岛的葫芦盛器，可能要早于木制盛器。

尽管本章对葫芦盛器进行了分类讨论，但是我不可能详尽地分析同一盛器的不同用途，也不可能详尽地论述不同形状盛器的相似用途。以美国人日常使用的碗为例，每个人都可以列举出它的各种不同用途以及各种不同食物的盛放量。但是，这样一个列表，往往不能穷尽它的所有用途。假如将同样的碗放在一个小孩的头上，作为理发的一个标尺，那么这种用途肯定与它的常见用途相去甚远。其实，在分析波利尼西亚葫芦碗的用途时，也存在同样的问题。

葫芦盛器在夏威夷群岛和复活节岛使用非常广泛，在新西兰的使用也较为普遍；而在马克萨斯群岛、社会群岛、库克群岛和南方群岛，葫芦盛器的重要性明显低于其他类型的盛器。在萨摩亚和汤加，仅有一项关于葫芦用来盛放椰子油的记录。

在夏威夷群岛和复活节岛，葫芦不仅用作水壶，而且还用来盛饭以及盛放各种各样的物品。而正是在这两个地区，不同形状的葫芦的不同用途常常令人混淆。为此，在讨论某一种具体的盛器时，我尽量对两个地区的各类葫芦都进行仔细的梳理和解释。在新西兰，贝斯特认为盛器也被广泛地使用，[4]但是对其具体用途不甚清楚（尽管新西兰的几个葫芦品种众所周知）。虽然我们知道马克萨斯群岛居民的房梁上悬挂着椰子壳盛器和葫芦盛器，但是他们没有告诉我们这些盛器除了盛放食物之外，是否还盛放其他物品。[5]我们的确知道，在马克萨斯群岛不仅有椰子壳盛器和竹筒盛器，还有葫芦盛器[6]——葫芦不仅被制成有颈的瓶子，而且可以被做成没有颈的、被称为呼艾（hue）的广口盛器。[7]尽管现存的呼艾标本直径不足一英尺，但是林顿（Linton）曾在当地的墓穴中发现一些较大的木盖，这说明当地人以前使用的此类盛器，有时容积也比较大。[8]在复活节岛，当地人使用的唯一盛器，就是被称为"黑普"（hipu）的葫芦。[9]

梅特劳提到，圆形葫芦会用作盛放小物件的盛器，[10]可能类似于百宝箱。在南方群岛，当地人对葫芦的偏爱胜过椰子壳，葫芦可用来盛放各种食物、各类液体以及其他物品。[11]而在波利尼西亚西部地区，人们更加偏爱椰子壳盛器和竹筒盛器。

——

1–4　水壶（Water Bottles）

无论葫芦生长在什么地方，人们将其作为水壶的情况都非常普遍。葫芦之所以适合用作水壶，是因为其具有三大优势：一是轻便，二是实用，三是易于更换。总体而言，在波利尼西亚，葫芦、椰子壳和竹筒在水壶用途方面平分秋色。在绝大多数种植葫芦的地区，人们都使用一种非常简易的葫芦水壶。

在夏威夷，葫芦水壶的使用众所周知，文字资料相当丰富，相关标本也屡见不鲜。对夏威夷各种各样的葫芦水壶进行绝对的分类并不是一件容易的事情，部分原因在于葫芦在自然生长过程中会形成千姿百态的形状，部分原因在于当地人使用葫芦水壶非常普遍，而选择哪种葫芦作水壶存在很大的个人偏好差异。

这些样式繁多的葫芦水壶，属于夏威夷人最重要的日常盛器。一家人每天的饮水存放在葫芦水壶里；人们用它从小溪和清泉中取水，也用它运送海水；渔民外出打鱼、航海者外出航海时也会随身携带葫芦水壶，以保证饮水补给。

毕晓普饶有趣味地描述了 1836 年夏威夷群岛居民使用葫芦水壶的一个情景：

在干季到来时，开阔地带饮用水稀缺，而在高山的山腰之上却常常会发现水源。我们的一个当地随从每周会两次上山取水，肩上用网子挂着两个呼艾瓦伊（huewai, calabash bottles，即葫芦水壶），与中国的蔬菜小贩们所用的水壶颇为相似。到达目的地后，他会先往葫芦里装满水，再在葫芦表面盖上一层新鲜的蕨菜，然后又将葫芦水壶挂在肩上带回家，这两壶水能够装满一个容量为五加仑的坛子。[12]

葫芦水壶装满水后，要用笋螺壳（terebra shell）、抹香鲸牙齿（cachelot tooth）、折叠的棕榈叶或露兜树叶当作壶塞。[13]据说，有时葫芦水壶以编织品（basket work）作为壶塞，但是我从未见过这样的标本。[14]埃利斯（Ellis）曾经提到，有的葫芦水壶容积很大，可达 4~5 加仑。[15]

夏威夷的葫芦水壶大致可分为三类：家用葫芦水壶（如附图 1、附图 2 和附图 3 - A 至 3 - C 所示）、出海时所用葫芦水壶（如附图 3 - D 至 3 - G 所示）和田间劳作时所用葫芦水壶（如附图 1 - G 所示）。当地人一般称葫芦水壶为呼艾瓦伊（huewai），[16]有时也称其为伊普瓦伊（ipu wai）。[17]驾驶独木舟出海时携带的一种特殊葫芦水壶被称为欧罗瓦伊（olowai）。[18]沙漏状的葫芦水壶被称作呼艾瓦伊普艾欧（huewai pueo）。[19]

家用葫芦水壶有两种形状：一种为球形，体量较大，颈部细长（如附图 1、附图 2 所示）；一种为沙漏状（如附图 3 - A 至 3 - C 所示）。究竟哪一种形状的葫芦水壶更为常用，我不是很清楚。但是，从所得的葫芦水壶标本来看，在年代更久远的标本中，球形葫芦水壶更为常见；而在年代较近的标本中，沙漏状葫芦水壶则占主导地位。在悬挂时，沙漏状葫芦水壶更具优势——它不需要用一个网子套住，只需要一条绳子系住即可。[20]

我所观察的球形葫芦水壶标本共 18 个，其中 8 个较老的标本来自塞勒姆市皮博迪博物馆，[21] 9 个来自哈佛大学，[22]还有一个属于毕晓普女士的私人藏品；[23]其中有 15 个经过人工修饰，3 个保持原样。尽管都属于球形水壶，但各个球形水壶在形状上还是存在较大差异。一种常见的类型（如附图 2 - F 所示），颈部竖直、细长，呈圆筒状，而颈部以下的水壶底部突然膨胀。另一种常见的类型（如附图 2 - A 所示），外形整体像一个大梨子，水壶的直径自颈部向下逐渐增大。在很多标本中，在颈部上端（壶口附近）也会有一个小小的圆球（如附图 1 - C 所示）。有时，这个小圆球有一个苹果大小，这时的水壶外形与沙漏较为接近（如附图 1 - B、1 - I 所示）。毕晓普博物馆里有一个形状奇特的葫芦水壶（如附图4 - A 所示），葫芦在生长过程中被套在一个网子里，从而产生了很好的装饰效果。[24]

有一件标本（如附图 1 - G 所示），体积比其他葫芦水壶都要小很多，J. S. 爱默生（J. S. Emerson）称它为水葫芦（drinking gourd），并对它进行了如下描述：

> 这个水葫芦（hue wai）体积较小，直径为 5 英寸，悬挂时要使用一根细绳穿过壶口附近的小孔。夏威夷的妇女在捶打卡帕（kapa，一种树皮布）时会带上水葫芦，男人们到地里干活时也会带上水葫芦。这个水葫芦年代比较久远，是我亲自在当地的卡努帕（Kanupa）墓穴里发现的。[25]

这种类型的葫芦水壶，和那些体积较大的家用葫芦水壶，的确存在很大差异。水葫芦体积较小，携带方便，但是它的储水量较少，仅能供一人维持几个小时。

沙漏状家用葫芦水壶，还可以进行进一步的细分。

有件标本是由一个带茎的葫芦制成的，葫芦茎端稍微弯曲，将其切掉之后形成壶口，[26]然后用一个由椰壳纤维绞绳织成的网子（koko）悬挂起来。另一件标本（如附图3－A所示），外形与上一个标本非常相似，只不过它的茎部较直，而且水壶表面被涂成了红色。[27]另外，在悬挂时所用的网子是由普通的欧洲绳线织成的。毕晓普博物馆编号为321的标本（如附图3－C所示），有文字资料表明它是来自毛伊岛（Maui，夏威夷群岛第二大岛）的拉海纳（Lahaina），或许岛上居民就喜欢这种类型的葫芦水壶。[28]这个葫芦水壶的上肚明显弯向一侧，与下肚的中轴线偏离很大，而且茎部也非常弯曲。不过，这个水壶最大的特点在于壶的开口位置与众不同，其他水壶的开口处一般是在茎部，而这个水壶的开口处靠近下肚的顶部。这种开口方式是否仅局限于毛伊岛，现在还不能确定。悬挂时，需要用一条普通的辫绳（sennit braid）缠绕在葫芦腰部。

独木舟上的葫芦水壶（olowai），其外形与前述的几种类型大相径庭（如附图3－D至附图3－G所示）。这五个标本由细长状的葫芦（长度在14～18英寸）制成，将茎端切掉之后形成壶口，壶口处足够弯曲，即便将水壶斜放，里面的水也不会流出来。这种葫芦水壶，一般用绳子悬挂在独木舟的横梁上。[29]

在新西兰，葫芦水壶的应用也非常广泛。但是，与夏威夷群岛相比，新西兰的葫芦水壶无论是在外形的多样性方面，还是在装饰的精致程度方面，均存在很大差距（当然，其他地区也是如此）。新西兰的葫芦水壶，有两种类型曾经被记录过。第一种类型（如附图5-A、5-C所示），其外形似泪珠状，茎部保存完好，壶口较小，开在茎部以下、肚子顶部的一侧。[30] 汉密尔顿（Hamilton）曾经对第二种类型进行过描绘，其外形与第一种颇为相似，只是壶口较大，是将葫芦的整个顶部切掉之后得到的。[31] 悬挂时，需要用一个带把的网子套住。然而，网子的质地材料、水壶的大小和来源，却不为人知。

毛利人对葫芦水壶的常用称呼是塔哈（taha），在称呼开口较小的葫芦水壶时也使用伊普（ipu）。[32] 还有一种传统盛器，被毛利人称为塔哈拉卡乌（taha rakau）。这是一种木制盛器，其外形像一只葫芦，由左右对称、中间挖空的两部分构成，中间由植物胶黏合在一起。[33] 我们可以看到，毛利人在制作木制盛器时，其外形往往参照葫芦的形状。

在马克萨斯群岛，人们用被称作呼艾（hue）的葫芦水壶和被称为考诃（kohe）的大竹筒来盛水，[34] 而容量较小的水壶则是由椰子壳或者葫芦制作的。[35] 这是我们对马克萨斯群岛葫芦水壶仅有的一点了解。不过，据说人们会在墓地附近的树枝上，挂上葫芦水壶和盛满饭的碗，来祭祀死者。[36]

葫芦曾经在复活节岛上生长繁盛，并且是岛上的唯一盛器，因此葫芦水壶在该岛上的应用相当普遍。[37]用来制作水壶的葫芦，外形细长，当地人称之为呼艾发伊（hue vai），壶口开在葫芦的上端。[38、39]

在社会群岛，葫芦近年来很明显没有被当作水壶之用。关于葫芦水壶的唯一记载出现于塔希提岛上的一个传说："竹筒和葫芦都装满了水，然后被放在独木舟里……"[40]葫芦曾经在塔希提岛被广泛地用作水壶，对此埃利斯曾有记述："人们的日常饮水盛放在葫芦水壶里。与我在三明治群岛（Sandwich Islands，夏威夷群岛的旧称）见过的葫芦水壶相比，塔希提岛的葫芦水壶容积更大，不过外部装饰要逊色很多。葫芦水壶用一个网子套住，悬挂在住宅的某个地方。"[41]或许，在社会群岛，竹筒水壶在盛水方面发挥着更为重要的作用。

在库克群岛，葫芦是艾图塔基岛（Aitutaki）的最重要的盛器，因此相关信息也主要来源于此。巴克曾提到，制作葫芦水壶时，需要在靠近茎端的地方开一个小口，[42]这与新西兰的第一种葫芦水壶有些类似。葫芦水壶的当地名称为塔哈（taha），也与新西兰葫芦水壶的常用称呼相同。不过，葫芦作物被当地人称为呼艾卡瓦（hue kava）。[43]

南方群岛的相关信息也相当匮乏。艾特肯（Aitken）曾收集到土布艾岛（Tubuai，南方群岛中最大的岛屿）上的一则神话故事，其中说道："葫芦被人们用来盛放海水，而椰子壳则被用来盛放淡水。"[44]而且，艾特肯还对一个腰部缠绕着辫绳的葫芦水壶标本进行过描绘。[45]

目前，葫芦是否在萨摩亚和汤加用作盛水容器，尚未可知。不过，汉迪在其著作《波利尼西亚的宗教》（*Polynesian Region*）中，曾提到一个萨摩亚的水葫芦。

5　杯子（Cups）

在波利尼西亚各个地区，杯子通常由葫芦之外的其他材料制成，用来饮水或卡瓦酒。

夏威夷群岛的杯子标本，一般是由椰子壳制成的。不过，尺寸大小合适的葫芦，偶尔也会被制成杯子，这种葫芦杯有时也被称为小葫芦碗。我仔细观察了三个不同形状的杯子标本，其中一个外表经过装饰，其余两个未经任何修饰。第一个标本（如附图6－B所示），直径为3.25英寸，深度为3英寸，[46]由外壳较厚的葫芦制成，口部弯曲程度较大。第二个标本（如附图6－A所示），直径为3.75英寸，深度为2英寸；与第一个标本相比，它的深度较浅，直径较长，外壳较薄。[47]第三个标本（如附图6－D所示），与第二个标本外形相似，但其外表饰有精美的烙画图案；[48]它的直径为3.75英

寸，深度为 2.5 英寸。这三个杯子，既可饮水，也可饮
用卡瓦酒。不过，在卡胡奥拉维岛（Kahoolawe，属夏
威夷群岛）上仅发现了一个专用于饮用卡瓦酒的葫芦
杯子标本。这个葫芦长 7.7 英寸，从中间靠上一点切成
两半，下面的一半被用作卡瓦酒杯，不过现在该酒杯已
经破碎。[49]

新西兰的毛利人喝水时从不使用葫芦水杯，他们会
在小溪边直接饮水，用双手捧水饮用，或者使用葫芦水
壶喝水。[50]

克里斯蒂安（Christian）在描述马克萨斯群岛居
民的家庭用具时，提到了两三个由葫芦制成的饮水器
具。[51]尽管克里斯蒂安或许指的就是葫芦水杯，但是由
于他在叙述中仅提到了一次葫芦，所以我认为他谈论
的更可能是岛上居民更为常用的葫芦水壶。而布朗
（Brown）曾经说过，在马克萨斯群岛上，椰子壳水杯
更加常见。[52]

梅特劳曾对复活节岛上的一个葫芦杯进行过描绘：
"它是一个葫芦水杯，高 72 毫米，宽 85 毫米。"[53]

6　盛油容器（Oil Containers）

就目前所知，葫芦仅在社会群岛、萨摩亚、汤加和
新西兰四个地区用来盛放椰子油。亨利（Henry）曾对
社会群岛的盛油葫芦进行了如下描述："阿罗罗（aro-

ro）是一个体积较小的球形葫芦，一个中等的橘子大小，塔希提岛的居民专门用它来盛放椰子油。"[54]当地的一个传说，曾两次提到这种盛油的葫芦。[55]

在萨摩亚，这种盛放椰子油的葫芦被称为芳鼓（fangu），但是现在已经不再使用。[56]关于汤加的盛油葫芦，仅有的信息出现于当地的一个传说。在这个传说中，盛油葫芦也被称为芳鼓，先后被提到了三次。[57]

我们对新西兰盛油葫芦的了解，全部来源于贝斯特的两段简短叙述：芳香油（perfumed oil）和胭脂被盛放在小葫芦里；比较讲究的人将盛有芳香油的小葫芦放在厕所里，以消除异味。[58]

二

7–8　碗、盘和食物盛器（Bowls，Dishes and Food Containers）

在日常生活中，葫芦还可以用作碗、盘以及其他食物盛器，用途非常广泛。我们大致可以将盛放食物的葫芦盛器分成两类：敞口盛器和带盖盛器。敞口葫芦盛器主要包括各种不同形状、不同大小的葫芦碗，而带盖葫芦盛器的类型则更为复杂多样。

夏威夷人使用的碗和盘，不论是由葫芦制成的，还是由木头或椰子壳制成的，都被统一称为伊普（ipu）。[59]
由于当地人也将葫芦称为伊普，因此我们可以据此猜
测，天然的葫芦盛器应该早于人工制作的木头盛器和椰
子壳盛器。葫芦碗可以用来盛放山芋、鱼以及其他各类
食物。[60]储存山芋的葫芦体积很大，而吃饭时所用的葫
芦碗则比较小。不过，由于葫芦盛器的用途太过广泛，
因此根本不可能对其制定严格的使用规范。

19世纪60年代以前，夏威夷人外出旅行时，会挑
着两个大葫芦箱（如附图8所示）。其中一个箱子用来
盛放食物，而箱子的盖子则被当作餐盘。[61]装饰精美的
葫芦碗被当地人称为乌莫科帕维诃（umeke pawehe）[62]
或伊普帕维诃（ipu pawehe）[63]，而未加修饰的葫芦碗则
被称为伊普波呼艾（ipu pohue）。劳伦斯（Lawrence）
可能以前见过盛放山芋的葫芦盛器，他曾提到夏威夷
的许多食物盛器都是由大葫芦制作而成。[64]斯塔布斯
（Stubbs）说过，葫芦是夏威夷人家庭生活中重要的食
物容器。[65]

夏威夷人将盛放食物的伊普视为家庭财富的一个组
成部分。盛放食物的种类不同，葫芦盛器的名字亦有所
不同。用来放山芋或其他蔬菜的葫芦碗被称为乌莫科
（umeke），而用来盛汤、肉（熟肉或生肉）或酱鱼的葫
芦碗则被称为伊普卡伊（ipu kai）。[66]在夏威夷的各种仪
式中，葫芦盛器扮演着相当重要的角色。在一个名为

"礼物赠送"（the Bringing of Gift）的仪式中，葫芦被用来盛放山芋和海胆。[67]夏威夷地区曾有一则严厉的法律条文，名为卡普阿努火（kapu-a-noho）。该条文规定，如果酋长携带私人财产（包括葫芦盛器）在路上行走，那么无论何人遇见酋长都要卧倒在地以示尊重。倘若有人违反这一规定，就会被判处死刑。[68]盛满食物的葫芦，被称为伊普卡艾欧（ipu ka eo）或乌莫科卡艾欧（umeke ka eo），是生活富足的象征；而没有盛放食物的空葫芦则被称为乌莫科帕帕欧勒（umeke papa ole），也就是未成熟的葫芦。[69]

在我所观察的 7 个葫芦碗和无数的相关照片中，仅有几个经过装饰，而绝大多数未经过任何雕饰，其直径在 5 ~ 10 英寸。其中，有两个未经雕饰的葫芦，是在欧胡岛（Oahu，是夏威夷群岛中人口最多的岛屿）发现的。[70]有时，葫芦碗会用编织品包裹、封盖（如附图 9 - C、9 - D 所示）。有一件类似的标本来自哈佛大学，直径为 8 英寸，高 4.5 英寸。[71]

带盖的葫芦盛器用来储存山芋和其他食物。在旅行中使用的体积较大的葫芦盛器，有时也用来储存山芋。[72]塞勒姆市皮博迪博物馆有一件非常小的葫芦标本（如附图 10 - C 所示），其外形与葫芦旅行箱颇为相似，而且具有充分的文献资料记录。这个标本是塞勒姆市皮博迪博物馆从古德尔（Goodale）的私人藏品中获得的，

并附有详细说明："它体积较小，用来盛放山芋，不过
有时这种葫芦也会长得很大。这种形状的葫芦容器，可
以盛放 1 加仑或者 2 加仑的山芋。有时，它还可以当作
旅行中用来盛放衣服的箱子。将衣服放入之后，用绳
子把盖子和箱子捆在一起；然后套上一个网子，挂在
杆子的一端；出行时，用肩膀挑着就行，使用起来相
当方便。"

道尔顿（Dalton）曾经对一个体积较小、外形奇特
的带盖葫芦盛器进行过描绘和叙述。[73]这件标本是乔
治·温哥华（Gorege Vancouver，英国皇家海军军官、
航海家）在 1790 ~ 1795 年到达夏威夷时搜集到的，现
存于大英博物馆（the British Museum）。此容器是由梨
子形的葫芦制成的，其外形与那些用来盛放渔具的葫芦
颇为相似。实际上，这个容器最初的用途或许就是用来
盛放渔具。容器的外边被一个网子套住，网子底部的网
孔较大，而上部靠近葫芦颈部的网孔较小。

新西兰南岛气候较冷，不适合葫芦作物生长，因此
葫芦碗及盛放食物的葫芦容器在北岛更为常见。其中，
有一种葫芦盛器较为特别，是专门用来盛放鸟肉的。

酋长盛放食物的葫芦容器被称为伊普瓦卡伊罗
（ipu-whakairo），在所有葫芦容器中最为精美。[74]葫芦碗
以及葫芦水壶的外表，都刻有精美的装饰图案。多明尼
恩博物馆有一件雕刻的葫芦碗标本（如附图 14 - B 所

示），是将葫芦的顶部切掉而得到的。毕晓普博物馆也有一件类似的葫芦碗标本（如附图 14 - A 所示），不过在这个标本中，被切掉的不是顶部，而是肚子的一侧；葫芦的茎部被完好地保留，可能是作把手之用。由于雕刻的葫芦碗仅供社会上层使用，因此平民只要能够使用类似的未经雕刻的葫芦碗，可能就会感到比较满意。与雕刻的葫芦碗相比，未经雕刻的葫芦碗在艺术性方面大为逊色，人们对它的保护也缺乏足够的重视。因此，在目前的藏品中，并没有发现它的踪影。另一种盛放食物的葫芦容器有两个标本（如附图 5 - D 和 4 - C 所示）。第一件标本来自坎特伯雷博物馆（Canterbury Museum，位于新西兰克赖斯特彻奇市），外面由编织品包裹；第二件标本来自毕晓普博物馆，外面套着亚麻绳索，以便悬挂。

在马克萨斯群岛，盛放食物的容器（如附图 11 - A、11 - B 所示），往往是带盖的。食物盛器由椰子壳或葫芦制成，悬挂于房梁之上。[75] 这些带盖的食物盛器一般被称为呼艾（hue）。汉迪将由葫芦制成的带盖盛器专门称作呼艾毛伊（hue maoi），而林顿则将它们统称为呼艾。悬挂时，用椰壳纤维网包裹，有时会饰有小型的用骨头雕刻的提基（tiki）神像。总体来说，马克萨斯居民更喜欢用椰子壳容器盛放食物，而葫芦盛器使用较少。已知的一种葫芦盛器是没有颈部的，不过以前当地人也应该使用另外一种带有颈部的葫芦盛器。[76]林顿说过，他在该群岛上观察到的所有葫芦盛器直径都不足1英尺。但是，他在当地墓穴中发现了不少尺寸较大的木盖，这说明过去岛上居民也曾使用过体积较大的葫芦盛器。[77]这些木盖往往都按照固定的模式进行雕刻，而且从不单独作为容器使用。[78]葫芦盛器的一个具体用途是放在椰子刨丝机（coconut grater）下面，用来接住落下来的果肉。[79]

复活节岛居民用来盛放食物的葫芦容器，我们仅仅知道其中的一种。这种容器体积较大，被当地人称为卡哈（kaha），不仅可用来盛放食物，而且还可以储存衣服或者被浸泡过的构树皮（mulberry bark）。[80]不过，由于葫芦是岛上唯一的盛器，因此我们有理由相信，绝大多数食物应由葫芦容器盛放或储存。

在社会群岛，塔希提岛上的人们广泛地使用葫芦容器盛放食物。亨利指出，葫芦盛器在这里有两个特殊的用途——装满海水盛放长鳍金枪鱼片（albicore slice），或者盛放椰子酱。[81]另外，亨利在描述当地一个传说时，曾饶有兴致地两次提到葫芦盛器。

有一次，恰好有两个妇女带着葫芦来到海边。其中一个妇女在一处草丛中发现了一个大鸟蛋，于是她就将这个蛋捡起来，放入一个叫作呼艾发发鲁

（hue fafaru）的敞口葫芦里，然后带回家里。[82]

　　每个人的面前都摆放着一个椰壳杯，可以用葫芦碗或椰子壳将酱倒入杯子中；还摆放着许多木盘，盘子里盛着热气腾腾的熟肉和各种各样的美味……[83]

　　在南方群岛，葫芦盛器和椰壳盛器的受欢迎程度，正好与马克萨斯群岛相反。葫芦盛器因其容量更大，而更受南方群岛居民的青睐。[84]人们常常使用整个葫芦作为容器，将其上部切掉形成一个较大的开口，然后盖上一个盖子。有时，人们也将葫芦的底部做成较浅的形似碗状的盘或盆。通常，人们会在葫芦盛器外面套上一个带把的辫绳网，以方便携带。[85]

9　大浅盘（Platters）

　　在夏威夷群岛，人们有时从大葫芦的侧面切下许多薄片，用来制成大浅盘。[86]大浅盘的制作非常容易，尺寸多种多样，一些破旧的葫芦箱、葫芦鼓或者任何一个大葫芦，都可以作为大浅盘的制作材料。当地人称大浅盘为帕拉乌（pa-laau），用来盛放肉类、鱼类和其他食物。[87]哈佛大学有一个大浅盘标本（如附图 21 - A、21 - B 所示），长度为 12.75 英寸，宽度为 0.5 英寸。该标本是亚历山大·阿加西（Alexander Agassiz，美国著名科学家）于 1885 年在欧胡岛收集到的。

此外，关于葫芦被用作大浅盘，仅有艾特肯曾提到过。南方群岛的居民告诉他，他们会将葫芦纵向切开，制成大浅盘，不过他从来没有亲眼见过类似的盘子。[88]

10－11 保存食物的容器 (Containers for Preserving Food)

在保存食物方面，新西兰的毛利人是波利尼西亚地区使用葫芦盛器最广泛的人群。除此之外，毛利人也使用由罗汉松树皮 (totara bark) 制成的帕图阿 (patua) 来保存食物。[89]附图 7 所示的葫芦盛器就是用于保存食物的容器。它由体积较大的葫芦制成，葫芦茎端被切掉以形成开口，在开口的上方镶嵌着一个雕刻精美的木头嘴 (tuki, wooden mouthpiece)；外面由用辫绳织成的篮子包裹，下面由三根木腿支撑，木腿的上方以羽毛装饰。安德森 (Andersen) 指出，葫芦盛器的下面有时由四根木腿支撑。[90]有一种精美的葫芦盛器是专门用来储存鸟肉的，当地人称其为塔哈呼阿呼阿 (taha huahua) 或伊普 (ipu)，[91]安德森曾对鸟肉的保存过程进行了详细的描述。[92]还有一种叫作玛汉嘎 (mahanga) 的葫芦盛器，专门用来保存蜜雀鸟肉 (the flesh of tui bird)；它由哑铃状的葫芦做成，哑铃的两端都切有开口。在宴会上，需要先在地上固定一个有权的木棍，然后把玛汉嘎细长的腰部放在木权上。[93]

在南方群岛，人们先将鱼切成条，然后加上酸橙汁将其晾干，最后将鱼干装入盛满酱汁的葫芦里保存。这种用来保存鱼干的葫芦，被当地人称为米提呼艾（miti hue）。[94]艾特肯说过，鱼干在酱汁里腌制一两天后，味道会更加鲜美。这里暗含着一条信息——鱼干仅在米提呼艾中保存几天，而不是持续几个月，这一点与毛利人的葫芦盛器有所不同。

三

12 – 13 箱子（Trunks）

夏威夷群岛的居民利用葫芦制成了两种类型的箱子。第一种葫芦箱（如附图 9 – A 所示），体积较大，重量较轻，外面套着一个网。这种葫芦箱，在旅行时可用来盛放衣服，在家里又可悬挂起来储存各种日常物品。[95]另一种葫芦箱（如附图 9 – D 所示），只能作日常储存箱之用，它的外面包裹着一件精美的编织品，因而重量更大，更加结实。

人们外出旅行时，要带上两个葫芦旅行箱，悬挂在一根木棍（auamo, carrying stick）的两端。一个箱子盛放食物，另一个箱子盛放衣服和各种私人物品。克拉夫特（Craft）著作中有一幅插图，描述的是一位年长的夏威夷人挑着两个葫芦箱的情景。[96]劳伦斯说过，这些硕大、轻便的葫芦用来储存树皮布、羽毛斗篷、鱼线麻网（olona net）以及其他物品。[97]有时，人们将葫芦箱套在绞绳网子里，挂在一棵事先砍掉树枝的树上。

塞勒姆市皮博迪博物馆有一件葫芦旅行箱标本，直径大约 2 英尺，它是在 1859 年获得的。旅行箱的盖子由另外一个葫芦裁切制成，整个箱子的总高度为 2 英尺。另一件标本（如附图 9 - A 所示）来自哈佛大学，直径为 17 英寸，总高度为 20 英尺。这个葫芦旅行箱有些与众不同，其外表装饰着火绘图案。

由编织品包裹的储存箱，夏威夷人称之为伊普火科欧（ipu hokeo），用来存放衣服。[98]塞勒姆市皮博迪博物馆有一件标本属于此种类型，如附图 9 - D 所示。箱子的总高度为 13 英寸，底部是一个直径为 16 英寸的葫芦，上面的盖子是由另一个葫芦裁切而成，上下两部分均套着非常精美的编织品。下面编织品的上沿系着许多绳圈，用来捆绑绳子以固定上面的盖子。

除夏威夷群岛之外，只有复活节岛上的居民还使用葫芦箱。人们称其为卡哈（kaha），用来储存衣服。[99]

14 - 15　羽毛和树皮布盛器（Feather and Tapa Containers）

在夏威夷群岛，仅用于盛放羽毛及羽毛制品的葫芦不仅很长，而且相当弯曲。[100]比较贵重的羽毛斗篷和花环都盛放在这样的葫芦里。据说，有时盛放羽毛的葫芦盛器由于足够长且足够弯曲，可以直接悬挂于房梁或房椽之上。[101]在其口部，往往装有一个盖子，由较小的葫芦或椰子壳制成。此类盛器的两件标本（如附图10 - A、10 - B所示），保存于毕晓普博物馆。

外壳较硬的葫芦盛器，用于储存羽毛制品和珍贵的树皮布。[102]毕晓普博物馆有一件标本，它的盖子由另一个外形完全相同的葫芦切割而成，此种方法的优点在于可使上、下两部分的吻合性更强。每侧都钻有两个小孔，两条细绳穿过小孔，将上下两部分紧紧地系在一起。此类容器仅用于盛放家庭日常用品，而不能用作旅行箱，因为人们在旅行时更偏爱外壳较薄、重量较轻的葫芦箱。

弗南多（Fornander）讲述了一个传说，名为"农禄神的故事"（Story of Lonoikamakahiki），其中一个情节涉及盛放树皮布的葫芦箱。一个仆人问罗利（Loli）："你在干什么呀？为什么要打开葫芦箱呀？"罗利答道："我打开葫芦箱，要找一找国王的缠腰布（loin cloth）和树皮布呢。"[103]

在复活节岛，人们也使用类似的葫芦盛器储存质量上乘的羽毛制品。另外，香蕉叶制成的容器，也常常用来盛放羽毛制品。[104]

16 – 17 渔具和鱼饵盛器 (Containers for Fishing Equipment and Bait)

夏威夷人盛放渔具和鱼饵的葫芦盛器,有两种常见类型(如附图 11 – E、11 – F 所示)。对此,斯托克斯(Stokes)曾做过详细叙述:

> 盛放渔具和鱼饵的葫芦盛器由上、下两部分构成,主要有两种形态:第一种盛器下小上大(下部分为一个小木碗,上部分为一个大葫芦盖),被当地人称为伊普雷(ipu lei)或伊普火罗火罗那(ipu holoholona),用于盛放鱼钩、鱼线和鱼饵;第二种下大上小(下部分为一个大葫芦,上部分盖着半个小葫芦或椰子壳),被当地人称为波火阿火(poho aho)或伊普阿火(ipu aho),仅用于盛放渔具。[105]

斯托克斯对两种葫芦盛器的差异进行了明确的阐述,不过值得一提的是,第一种盛器伊普雷不一定是"大葫芦盖 + 小木碗"的模式。在许多体积较小的此类盛器中,上面的盖子和下面的碗都是由葫芦制作的。[106]另外,上面的盖子也不一定非常大,如附图 10 – D 所示,该标本由 J. S. 爱默生在卡努帕(Kanupa)墓穴中发现,现藏于塞勒姆市博物馆;下部分的木碗较深,深

度为 7.5 英寸，最大直径为 5.5 英寸；上部分的盖子吻
合度较高，高度为 3 英寸，直径为 5.75 英寸；盖子上
开有 3 个小孔，用于穿系细绳悬挂盛器。[107]

有足够的证据表明，只有比较富裕的职业渔民才使
用葫芦容器盛放渔具，而比较贫穷的人则会在身穿的马
罗（malo）上先打个结，然后将鱼钩和鱼线塞进去。[108]

四

18　人体彩绘和文身染料盛器 (Containers for Body Paint and Dye for Tattooing)

在复活节岛，人们将人体彩绘所用的黄色或橘色染
料，盛放在一种名为基罗托基特伊普（ki roto ki te ipu）
的葫芦里。[109]另外，人们还将文身时所用的黑色颜料放
在一个葫芦里。[110]

19　喂食家禽的葫芦 (Gourd for Feeding Fowl)

汤姆森（Thomson）曾说过，复活节岛的居民用葫
芦喂食家禽，这种葫芦的名字叫阿普莫阿（Epu Moa）。
当地人迷信地认为，用它来喂食家禽大有裨益。[111]

20　埋葬鸟蛋的葫芦 (Gourd for Burying an Egg)

复活节岛上的居民具有崇拜鸟类的传统，这里的葫

芦还有一个独特的用途——埋葬鸟蛋。当春天到来时，人们会举行寻找鸟蛋的竞赛，谁能找到第一枚鸟蛋，谁就会获胜，并且可以将鸟蛋带回家保存一年。

当第二个春天到来时，会举行新一轮的竞赛。上年的获胜者会将保存一年的鸟蛋交给今年的获胜者，由他将鸟蛋装入一个葫芦中，埋葬在拉诺拉拉库（Rano Raraku）的一个角落里。不过，有时这枚鸟蛋会被扔进大海，或者由上年的获胜者自行埋葬。[112]

21　祭品盛器（Containers for Offerings）

麦卡利斯特（McAllister）在挖掘卡胡拉威岛（Kahoolawe）的一座神龛时发现，这里除了其他祭品之外，还有一个葫芦，里面盛放着树皮布、鱼骨、甘蔗、一个鱼下巴和几块玄武岩。[113]马克萨斯群岛的葫芦也有类似的用途，人们将盛满食物祭品的葫芦悬挂在墓穴附近，以供死者享用。

22　骨灰盒（Ossuary Urn）

据我所知，至今尚未发现夏威夷人的尸骨被盛放于葫芦之中的情况。不过，夏威夷的神话传说里有许多尸

骨被清洗干净之后保存于葫芦之中的情节，相信这些情
节不是空穴来风，具有一定的现实依据。

23　痰盂（Spittoons）

夏威夷人使用的痰盂一般是由木头雕刻而成的，不
过毕晓普女士曾说过："美国基督教会传教早期，夏威
夷人到教堂或者公共集会场所时，习惯上带一个葫芦碗
或葫芦壳作为痰盂。"[114]尽管葫芦没有理由不可以用作痰
盂，但这是我见过的唯一的相关记述。当然，木制痰盂
使用更为普遍，现存的标本数量较多。

24　盖子（Covers）

在夏威夷，由葫芦制成的盖子，可供葫芦盛器和木
制盛器使用。[115]如前所述，葫芦盖子不仅用于盛放食物
的葫芦容器，也用于盛放鱼饵和渔具的两类葫芦容器，
还用于两类大型的葫芦箱。在带盖的葫芦盛器被打开之
后，绝大多数葫芦盖子可以当作盘子使用。弗南多曾含
糊地提到，有些葫芦盖子专门用于盛鱼的葫芦容器。[116]

第四章

葫芦乐器

从非洲的茂密丛林，到北美洲广阔的大平原，葫芦既可以作为噪声发生器（noise maker），又可以作为乐器，能够发出各种各样的声音。其中，最常见的葫芦乐器为拨浪鼓（rattle）。外观精致的非洲木琴（xylophone, marimba）以葫芦为共鸣器，能够弹奏出许多动听的音符。非洲还有一种以葫芦为共鸣器的乐器，名为弓弦琴（stringed bow），在不同地区其形态各异。世界其他地区的葫芦乐器还包括发出呼呼声的牛吼器（bull roarer）、声音尖锐的哨子以及节奏抑扬顿挫的大鼓。巴西内陆地区的人们将葫芦制成喇叭，而中国人则将平常吹奏的葫芦哨绑在鸽子的尾巴上来驱赶猛禽。

在波利尼西亚，共发现了7种葫芦乐器，它们或全部或部分由葫芦制成。或许在前殖民时期还存在其他类型的葫芦乐器，但缺乏相关的证据支撑。

一

25　拨浪鼓（Rattles）

拨浪鼓是世界上最常见的一种葫芦乐器，不过在波利尼西亚仅出现在夏威夷群岛，当地的通用名称为乌利乌利（uliuli）。拨浪鼓不仅可以由葫芦制成，也可以由椰子壳制成。罗伯茨说过，在她所观察的拨浪鼓标本中，葫芦拨浪鼓和椰壳拨浪鼓的数量各占一半。[1]制作葫芦拨浪鼓时，首先在葫芦顶部挖四个小孔，将果肉从孔中掏出来；其次，向葫芦里装入一些野生美人蕉（canna, alii poe）又小又硬的种子或者小鹅卵石；[2]最后，将一些香露兜树（Freycinetia arborea）又绿又柔韧的长叶竖直地塞入四个孔中，再把四束叶子的末端捆在一起作为把柄。[3]在毕晓普女士的两件标本中，拨浪鼓的把柄是由鱼线麻绳（olona cord）系在一起的。[4]把柄有时没有任何装饰，有时会装饰着由树皮布或毛皮制成的、周围嵌饰着羽毛的圆盘。爱默生认为圆盘和羽毛是一种现代化的饰品，[5]而罗伯茨则有不同的看法，她引用了巴罗特（Barrot）在1836年的相关描述来证明她的观点："在一种祈祷仪式中，他们使劲地用左手挥舞着羽毛扇子，用右手有节奏地敲打扇子底部盛着贝壳的小葫芦。"[6]另一个较为有利的证据是韦伯（Webber）《库克的第三次航行》（*Cook's Third Voyage*）中的一幅画作，描绘的是一位夏威夷人在拨浪鼓的伴奏下翩翩起舞的情景，很显然他手中的拨浪鼓正是以羽毛装饰的。[7]

爱默生、罗伯茨和毕晓普已经对拨浪鼓进行了颇为详细的描述。[8]《毕晓普博物馆指南》（*The Bishop Museum Handbook*）描绘了三件拨浪鼓标本，其中两件的把柄上饰有精美的羽毛。[9]

拨浪鼓过去是草裙舞的重要伴奏乐器，现在仍在使用。其中，有一种草裙舞就是以拨浪鼓命名的，拨浪鼓是在这种舞蹈中唯一的伴奏乐器。[10]在跳舞过程中，不仅要摇晃拨浪鼓，而且要将拨浪鼓使劲地朝手掌、大腿和地面敲击。[11]爱默生说过，前殖民时期，夏威夷人在祭祀女神露卡（Laka，草裙舞女神）时，首先要献上卡瓦酒和烤猪，然后跳草裙舞。[12]

葫芦拨浪鼓标本的表面一般被打磨得非常光滑，但是往往没有任何装饰。不过，毕晓普女士的一件标本与众不同，其表面饰有火绘的线形和星形图案。[13]

26　旋转拨浪鼓（Spinning Rattles）

夏威夷群岛上另一种独特的葫芦乐器叫作乌利利（ulili，如附图 16 - A、16 - B 所示），在英语中很难找到一个合适的单词与这个名字相对应。爱默生说过，乌利利是完全不同于乌利乌利的一种乐器。[14]这种不同寻常的噪声发生器或玩具是否属于年代久远的古董，尚存在很大疑问，这是因为它最初为世人所知，是源于爱默生于1885年左右在夏威夷购买的两件标本[15]（尽管卖者声称夏威夷人使用这种乐器已经很长时间，但其可信度并不高）。不过，现在有另一个标本，表明乌利利在更早的时间就已出现。这个标本是一个残损的乌利利，是由阿萨·瑟斯顿牧师（Reverend Asa Thurston）或其夫人在1820～1868年的某个时间收集的，现收藏于塞勒姆市皮博迪博物馆。[16]

乌利利由三个葫芦构成，它们全部串在一根木棍上。两端的两个葫芦是固定不动的，中间的葫芦是活动的。木棍的中心处系上一根绳子再缠上几圈，然后将绳子的另一端由中间葫芦肚子上的小孔穿出来。为了方便拉拽绳子，同时也为了防止绳端进入葫芦内部，需要在绳端捆上一个小木棍或一片鲨鱼皮（sharkskin）作为棒形纽扣（toggle）。在操作时，用左手紧紧地握住中间的葫芦，用右手迅速而有力地拉拽绳子，这样两端的葫芦就会快速旋转并发出声音。松开手之后，绳子会因动量的作用而自动倒回去，两端的葫芦会再次快速旋转并发出声音。这个过程可一而再、再而三地重复操作，循环进行。

罗伯茨说她观察过一个乌利利标本，木棍长度为

15 英寸，直径为 1 英寸左右；[17]木棍上串着三个葫芦，两端的葫芦为梨子形状，固定不动，开口相对；中间的葫芦为球形，能够活动。[18]毕晓普女士有一件藏品，是按照乌利利的结构仿做的复制品，不过木棍上的三个葫芦全是球形的，而且两端的葫芦都装有种子或其他东西，均为拨浪鼓。显而易见，爱默生的两件标本以及塞勒姆市皮博迪博物馆的那件标本，其两端的葫芦都没有盛放诸如种子之类的任何东西。塞勒姆市博物馆的标本（如附图 15 - B 所示），体量要比罗伯茨所描述的标本以及毕晓普女士的藏品小很多。木棍的长度仅为 1 英尺，直径仅为 0.25 英寸，上面的绳子仅剩下一小段；三个葫芦均为梨形，但仅有两个完好无缺；两端的葫芦只剩一个，固定不动，开口向内，与中间葫芦的开口相对；另一端的葫芦仅剩一个残片，直径大约为 1.5 英寸。

　　塞勒姆市博物馆的那件标本，有大概的收集时间和明确的收集者，而且可以与爱默生的两件标本相互印证，这似乎能够明确地说明乌利利应属于前殖民时期夏威夷文化的组成部分。有证据显示，乌利利可能仅限于夏威夷群岛西海岸地区，毕晓普博物馆的两件标本就是在西海岸获得的，[19]塞勒姆市博物馆的那件标本毫无疑问也是在此地区获得的，因为阿萨·瑟斯顿牧师夫妇曾在此生活。

二

27　鼓（Drums）

葫芦鼓是夏威夷人在跳草裙舞时使用的重要伴奏乐器，被当地人称为呼拉鼓（ipu hula）（如附图 16 - C、16 - D 所示）。[20,21] 其高度在 16 英寸至 3 英尺不等，由两个在颈部开口的葫芦构成。两个葫芦可能是用面包树胶（breadfruit gum）粘在一起，从而形成一个气囊，这是最普通的连接方式。布赖恩（Bryan）则认为，两个葫芦可通过将一个葫芦的颈部嵌入另一个葫芦的颈部而连接在一起。[22] 不过，从我接触的标本来看，并没有发现这样的嵌入连接方法。两个葫芦的颈部切口非常整齐和精确，当它们对接在一起时，并没有真正出现颈部嵌套的情形。罗伯茨补充道，上、下两个葫芦有时并非直接粘在一起，它们的中间会有一个由第三只葫芦切成的一个项圈，使其彼此分离。[23] 哈佛大学的一件标本（如附图 16 - D 所示）就是采用这种连接方法，这个呼拉鼓共有两个结合处，均以树胶粘连。

制作呼拉鼓的葫芦品种尽管会有差别，不过将两个葫芦粘连之后，其外形轮廓大致上呈沙漏状或 8 字形。要完成呼拉鼓的制作，还需要在上面葫芦的顶部切开一个直径为 3 ~ 4 英寸的圆孔，在下面葫芦靠近结合处的地方切开两个小孔，然后将一条塔帕布或普通布料穿过两个小孔，并绕结合处缠上几圈。这个布圈，可在一定程度上掩盖结合处的不雅。罗伯茨认为，在上、下葫芦之间的狭窄处系上一条绳子或者一块布料，可当作把手，方便携带。[24]鉴于她没有提及这个把手是否穿过两个小孔，我猜测它应该是布圈的一个变形，而不是专门用于携带的另一个部件。在我观察到的所有相关标本或照片中，从来没有发现过这种把手。

毕晓普女士和塞勒姆市皮博迪博物馆各有一件标本，属于呼拉鼓的普通类型。而哈佛大学的两件标本，则属于变异类型。第一件标本（如附图 16 - D 所示）中，一个由第三只葫芦切成的项圈位于上、下葫芦之间，并分别与其相粘连。另一件标本（如附图 16 - C 所示）是目前所知唯一经过精心装饰的呼拉鼓标本，其表面几乎饰满了烙画图案；这个标本的另一个异常之处在于下方的葫芦很长，整个标本的总高度为 27.5 英寸，而下方葫芦的高度就达到 21 英寸。毕晓普博物馆收藏有三件稍加修饰的呼拉鼓标本，但其精致程度根本不能与这件标本相提并论。[25]塞勒姆市皮博迪博物馆的那件标本几乎没有任何装饰，只是在紧靠结合处的下方刻着一圈线条，其外形看上去与拥有项圈的呼拉鼓似乎并没有多少差异，从而造成了某种视觉错觉。

罗伯茨对呼拉鼓的演奏方法进行了详细叙述，而爱默生和毕晓普则就一些细节问题提出了不同的看法。[26] 三人都一致认为，击鼓者首先需要将鼓高举在空中，然后撒手使其落在地上，从而完成第一次击打。爱默生认为呼拉鼓是落在房屋的土质地面上，下面垫着一个垫子；罗伯茨认为这个垫子是一个软垫或者一块折叠的布料，击鼓者在其前面盘膝而坐。爱默生对于呼拉鼓的实际敲击方法没有进行深入的介绍，只是提到击打的风格会随着击鼓者意愿的变化而变化，或轻柔抒情，或狂野热情。罗伯茨和毕晓普都说击鼓者接下来要将鼓再举在空中，迅速敲击下面的葫芦；毕晓普说敲击时用的是手掌，而罗伯茨则说用的是三四根手指。呼拉鼓坠落撞地的声音和用手敲击的声音存在显著的差异。另一种敲击方法如下所述：

在呼拉鼓掉在垫子上完成第一次撞击之后，将面前的鼓向右举起（向右画一个弧形），在达到与右肩齐平的高度时（到达弧形的右顶点），完成第一次敲击。然后，把鼓放下（按弧形的轨迹回归），在马上要接触垫子时（到达弧形的最低点），完成第二次敲击。之后，将鼓向左举起（向左画一个弧形），在达到与左肩齐平的高度时（到达弧形的左顶点），完成第三次敲击。最后，把鼓放下，当再次马上要接触垫子时（到达弧形的最低点），完成第四次敲击。[27]

呼拉鼓的音调较低，虽然音量较大，但并不响亮，穿透力不强。爱默生认为，呼拉鼓声为清晰的低音，他收藏的一个标本可以发出低音 C 调的声音。[28]

到目前为止，其他将表面未覆盖毛皮的葫芦鼓作为乐器的地区只有印度，那是一个能够令人产生很大兴趣但可能不会产生无限遐想的国度。[29]

28 共鸣箱（Sounding Chambers）

复活节岛有一种可称为葫芦共鸣箱的伴奏乐器，其功能与呼拉鼓有点类似。关于此种乐器，有两篇记述的内容差异很大，因此有必要全部引用。

较早的记述来自劳特利奇（Routledge）：

一所大房子里在举行一项比较正式的仪式。房子的每侧都有三个大门，供歌唱的人们进入。来此歌唱的人们共 100 人左右，他们在房子里面站成几队。在房子的中央，挖有一个很深的土坑，在其底部有一个葫芦共鸣箱，葫芦的上面压着一个石块。有一个男人在石块上面跳舞伴奏，由于土坑很深，站在坑外的人们根本看不见。[30]

较晚的记述来自梅特劳:

> 首先,需要挖一个大约 3 英尺深、1~2 英尺宽的土坑。然后,将葫芦共鸣箱放进去,箱子体积较大,一半塞满了塔帕布或青草,上面压着一块薄薄的石板。最后,一个男人踏上石板,用双脚踩踏箱子,为跳舞和歌唱的人们有节奏地打着节拍。在这个男人踩踏共鸣箱的过程中,一些妇女双膝跪在他的面前。[31,32]

非常遗憾的是,对于这种有趣的乐器,我们没有搜集到其他任何信息。我认为,劳特利奇的记述可能存在几个问题。首先,任何一个葫芦都不可能如此坚固,足以让一个人在其上面的石板上来回跳跃。因此,尽管劳特利奇没有提及,但是人们肯定使用了某种方法来支撑石板,以减轻葫芦承受的重量。其次,很难想象从一个深到足以藏得下一个人的土坑底部能够传出多大的声音,特别是对于葫芦共鸣箱之类的乐器而言更是如此。总体来讲,梅特劳的记述似乎更为合理。

三

29　哨子（Whistles）

夏威夷人利用小葫芦制成哨子，并称其为伊普火基欧基欧（ipu hokiokio）。[33]这种乐器与本节即将介绍的、被称为"情人哨"（lover's whistle）的摇摆陀螺（swing top，情侣在夜晚通过摇摆系在绳端的葫芦陀螺来传递暗号[34]）可能属于同一种乐器。布赖恩也将伊普火基欧基欧称为"情人哨"，并且对其如何通过鼻子吹奏进行了比较规范的解释。[35]由于"爱情"或"情人哨"的字眼也或多或少地出现在其他相关文献中，因此伊普火基欧基欧的恋爱用途可能确实存在某些客观事实依据。爱默生则将该乐器与意大利的陶笛（ocarina）相提并论。[36]尽管绝大多数文献均记载伊普火基欧基欧是通过鼻子吹奏，但是有的作者也提到可以用嘴吹奏，加之有件标本（如附图 18 – A 所示）的尺寸较大，似乎不适合用鼻子吹奏，因此我确信此乐器偶尔也会用嘴吹奏。

罗伯茨对这种哨子的记述最为详细。[37]她认为，这些哨子乐器一般是由葫芦制成的，但偶尔也会由卡曼尼（kamani，琼崖海棠）的果壳制成。罗伯茨说道，尽管有证据表明葫芦哨能够在很大程度上取悦夏威夷人，但是它仅有两个相差半个音阶的音调，甚至可能只有一个音调。[38]拥有两个音调的说法似乎更为合理，因为哨子通常拥有两个出音孔，或者直径大小不等，或者与吹奏口的距离不同。不过，有时哨子上会开有三个出音孔，或许能够吹奏出三种音调。

罗伯茨已经对葫芦哨在世界的分布情况进行了系统的描述，因此这里并没有必要探讨波利尼西亚之外的其他地区。[39]然而，罗伯茨的一个观点值得商榷。她认为，葫芦哨在美洲早已被泥哨、骨哨和木哨代替，而斯佩克却描述过一个用嘴吹奏的葫芦哨，被称为口吹葫芦（blow gourd），其外形与夏威夷人的葫芦哨颇为相似，为弗吉尼亚州的奇卡霍米尼（Chickahominy）和帕芒基（Pamunkey）两个印第安人部落所使用。[40]

从葫芦哨的标本来看，其尺寸大小不一，最长的达3.15英寸，最短的为1.16英寸；直径最大可达3英寸，最小为1.18英寸。

所有的葫芦哨可分为两类，第一类是从葫芦的茎端吹奏，第二类是从葫芦的侧面吹奏。第一类葫芦哨的吹奏口，制作方法相当简单，只需要将葫芦茎部的末端切下即可；第二类葫芦哨的吹奏口，则需要开在葫芦的侧面，距离葫芦茎端1~2英寸。吹奏第一类葫芦哨时，用嘴巴和鼻子都比较容易；而吹奏第二类葫芦哨时，除非吹奏口与葫芦茎端的距离非常近，否则用鼻子是不可能吹奏的。因此，许多作者之前关于葫芦哨吹奏方法的分歧，我们在这里就给予了明确的回答。

一般来说，葫芦哨有两个或三个出音孔，其排列方式主要有两种。第一种排列方式往往适用于拥有三个出音孔的葫芦哨，所有音孔在葫芦的半腰附近排成一条直线（如附图 17 - D、17 - F、17 - H 所示）。第二种方式常常适用于拥有两个音孔的葫芦哨，一个音孔的位置要高于另一个（如附图 18 - F、18 - G 所示）。其他的排列方式不太常见，附图 18 - A 展示的是只有一个出音孔的情形，而附图 18 - H 展示的则是三个出音孔不规则排列的情形。附图 18 - C 虽然只有两个出音孔，但它与同类的葫芦哨存在差异——它的第三个出音孔被挖成之后又被塞住，而第四个出音孔则一直没有被挖开。第三个出音孔之所以被重新塞住，其原因可能是这个出音孔并不能发出理想的音调，故又在其上方附近重新挖了一个出音孔。

在附图 17 - F、17 - H 所示的两种标本中，有一个圆孔距离吹奏口较近，我认为它的功能是用来拴系绳子，作摇摆之用。

除了毕晓普女士的两件藏品外，所有的葫芦哨标本年代都比较久远，因此有必要在此对这两件藏品进行特别说明。这两件藏品最初由爱默生收集，但是关于他是从何处所得并不为人知，[41] 因此它们有可能是某个夏威夷人为爱默生制作的复制品。它们并没有被使用过的迹象，这与其他的葫芦哨标本有所不同。而更让人疑惑的是，其他葫芦哨标本的出音孔都是通过切割或者钻穿而成的，而它们的出音孔却是火烧而成的。我们对这两件藏品的真正了解很少，因此它们是否属于常见的葫芦哨类型，还有待于进一步探讨。

埃奇－帕廷顿（Edge-Partington）使用插图说明了葫芦哨的一个特殊用途——在杯球游戏（cup and ball game）中当作球使用，而安德森和贝斯特则对插图进行了复制。[42] 关于这种用途，将会在下一章的杯球游戏部分进行详细的叙述。

据我所知，在波利尼西亚地区，除夏威夷群岛外，有葫芦哨使用的岛屿仅有塔希提岛和新西兰。

葫芦哨在塔希提岛使用的仅有证据是大英博物馆的两件哨子标本，其中一件由葫芦制成，另一件由坚果壳制成。埃奇－帕廷顿对这两件标本进行了描画，并认为它们属于塔希提岛。[43] 安德森复制了埃奇－帕廷顿的画作，不过将其归入了夏威夷地区。[44] 由于它们是我所能够发现的、葫芦哨存在于塔希提岛的唯一依据，加之埃奇－帕廷顿很多时候都会在乐器来源地的问题上出现错误，因此似乎可以有理由认为葫芦哨从未在塔希提岛上使用过（至少在古代如此）。

葫芦哨在新西兰使用的证据似乎要比社会群岛稍微

充分一点。在新西兰，葫芦哨和葫芦号（gourd trumpet, calabash trumpet）[45]似乎存在某种混淆。在我看来，绝对不能将二者混为一谈。这里，我们仅仅关注葫芦哨，而葫芦号将在下一部分单独介绍。新西兰存在葫芦哨的证据仍然来自大英博物馆的一个标本（埃奇－帕廷顿其进行了描摹，后又被安德森复制）[46]。贝斯特和汉密尔顿也曾提到这个标本，并以其作为一个有形的证据，平息了新西兰是否存在葫芦哨乐器的争议。[47]埃奇－帕廷顿描摹葫芦哨所在的页面上，同时还画有一个油葫芦。如果我们仅仅观察油葫芦，很快便会发现其装饰具有典型的毛利人风格。然而，这个葫芦哨的装饰非但不具备毛利人的任何特征，反而与夏威夷人的装饰风格颇为相近，而且出音孔的排列方式也是典型的夏威夷风格。与夏威夷的葫芦哨一样，这个葫芦哨也可以用于杯球游戏。葫芦哨上的两个圆孔距离很近，除非其中一个永远被塞住，否则我很难想象它是如何进行吹奏的。因此，我认为这个所谓的"葫芦哨标本"，应该是夏威夷的一个摇摆陀螺。

然而，尽管大英博物馆的这个标本被排除，但是并不能就此认定新西兰没有葫芦哨存在。汉密尔顿、贝斯特和安德森均参考了莫泽（Moser）对于一个葫芦的记述——葫芦的侧面钻有两三个圆孔；当地人用某种独特的方法吹出一种令人极为讨厌的声音。[48]莫泽进一步指出，这种乐器的名字叫作瑞胡（rehu）。汉密尔顿认为这种乐器仅限塔拉纳基（Taranaki）海岸地区的人们使用，这一观点得到了崔格（Treager）的支持。[49] 安德森引用了鲍克（Baucke）提到的一个名为恩古鲁（nguru）的葫芦乐器，并且说道："如果一个女人和着恩格鲁的完美节拍低声吟唱，其声音虽然非常哀伤，却不会令人不快。"[50] 安德森引用的另一个证据来源于 G. 格雷厄姆先生（Mr. G. Graham）——他将一个葫芦号称为恩古鲁。[51]

贝斯特提到，当地人告诉他小葫芦偶尔也会被制成鼻笛（nose flute），被称作柯奥奥庞艾胡（koauau pangaihu）。[52] 但是，要吹奏这种乐器需要很大的肺活量。[53] 贝斯特对其进行了描画，其外形与大英博物馆的葫芦哨标本比较相似，并做了如下注释："葫芦顶端附近的小孔与恩古鲁的排列方式非常相似，是新西兰人的手法。"[54]

一个有趣的事实是，恩古鲁是木笛、石笛和象牙笛等乐器的通用名称，这些乐器的末端弯曲，形状与葫芦有些相似。我们不能妄断，但是可以做出如下推测：葫芦哨可能在以前曾在新西兰使用过，但是后来仅在一两个小地区保存了下来。由于葫芦并不是在新西兰所有岛屿上生长，因此人们可能制造出了一些形似葫芦的替代品，并最终在生态环境变化的作用下代替了原来的葫芦哨。而本来用来称呼葫芦哨的恩古鲁一名，也被用来称呼木制、石制和骨制的笛子，从而引致理解上的某种混乱。在一些情况下，恩古鲁也可能会用来称呼葫芦号。

总而言之，葫芦哨在夏威夷确实存在，而在社会群岛存在的证据较为缺乏。对于新西兰，我们只能说相关的证据令人很不满意，但是我们必须承认葫芦哨可能存在于某个地区，并且其出现时间可能早于各个地区各种常见的笛子。

30 号子（Trumpets）

尽管没有相关的标本保存下来，但是我们有合理的证据证明，新西兰的一些毛利人部落使用过葫芦号。对于葫芦号，汉密尔顿使用的术语是 calabash trumpet，但是他仅仅描述了小型的葫芦哨[55]（前已提及，葫芦号和葫芦哨在新西兰存在某种混淆）。安德森也是如此，不过他还引用了 G. 格雷厄姆先生的论述："很明显，这个乐器真的是一个号，它是由一个又大又弯的葫芦制成的。"[56]他还提到，除末端的吹奏口之外，这个葫芦号的颈部还有一个小孔，可以使声音富于变化，与笛子上的小孔有些类似。贝斯特引用了东部海岸一个受访者的话："他们那里的人会将外形弯曲的长葫芦制成号角。"[57]葫芦的两端都被切掉，在较小的一端安上一个木制的吹奏口。他第一次将葫芦号和葫芦哨这两种乐器区分了开来。[58]他还引用了另外一个名为尼霍尼霍（Nihoniho）的受访者的话："葫芦号原来在外阿普（Wa-iapu）地区使用，吹奏时与人们熟知的特里同（Triton，海神）的海螺号较为类似。"在这里，他也提到葫芦号是由较长的葫芦制成，与葫芦哨有着明显差异。

到目前为止，除新西兰外，波利尼西亚的其他地区未见有葫芦作为号子的相关记载。

31　旋转陀螺（Swing Tops）

对于最后一种葫芦乐器，我新造了一个词语 swing top（旋转陀螺）作为它的名字，而没有使用它过去的名字 bull roarer（牛吼器）。普通类型的牛吼器，在世界上的分布范围很广，在波利尼西亚的几个地区也有分布。它一般是由一块木板制成的，系在一根绳子上。将牛吼器用力地在头顶旋转，可以发出很大的声音。如果这种乐器是由葫芦或者坚果壳制成的，那么它们的发声原理就会发生改变。它们不再是绕轴旋转，而是吊在绳子上左右摇摆，从而发出嗡嗡的声音。

葫芦旋转陀螺在夏威夷使用的证据，完全来源于文献记载，目前并没有任何真实的标本可供参考。罗伯茨在一个偶然的机会发现了一个夏威夷的儿童玩具，[59] 但未能获得它的当地名字。她说道，这个玩具是由椰子壳制成的，在其顶部有一个直径大约为一英寸的小孔，在其两侧还各有一个非常小的圆孔，用来拴系绳线。如果有一个类似的葫芦标本的话，小孔的排列方式也应该如此。埃奇－帕廷顿描绘了一个由卡曼尼的坚果制成的类似乐器，其顶部有四个小孔，一条绳子穿过各个小孔系在上面。[60]

《毕晓普博物馆指南》提到了拥有 2～5 个小孔的小葫芦，它们被称为伊普火基欧基欧（ipu hokiokio，lover's whistle，情人哨）。[61]这种乐器很显然是我们前面所讲述的葫芦哨，对于它是否被系在一根绳子上当作摇摆陀螺之用，我表示怀疑。依我看来，更可能的一种情况是，葫芦哨和摇摆陀螺是两种不同的乐器；摇摆陀螺是由葫芦或椰子壳制成，小孔的排列方式与葫芦哨存在差异。当然，另一种情况也可能存在，即葫芦哨具有哨子和陀螺的双重用途。

埃奇－帕廷顿、安德森和贝斯特描绘的奇异标本（如附图 17－G、17－H 所示，在葫芦哨部分也有叙述），[62]很明显用于杯球游戏，但也有可能是一个摇摆陀螺。靠近吹奏口的小孔，很可能是用于拴系绳子的。大英博物馆也有一件标本，其小孔的位置、功能与之类似。或许，这两件标本就是两个古老的摇摆陀螺。[63]

对于这一有些争议的乐器，除夏威夷外，波利尼西亚的其他地区没有任何相关记载。

| 第五章 |

其他用途

古代人们在将葫芦制成盛器和拨浪鼓之后，并没有就此停止不断发明的步伐。他们充分运用自己的智慧，将便于获得、易于处理的葫芦果实，改造成各种各样的生活用品，如陀螺、浮子、诱饵、卷轴等。

对于波利尼西亚地区，我们已经对葫芦的用途进行了系统的分类分析，而且也介绍了葫芦的一些鲜为人知的用途。但毫无疑问，葫芦过去在该地区的很多用途，已经永远不会为人所知。

然而，有一种用途曾被认为是属于葫芦的，事实却并非如此。在一些不负责任的、不准确的热门文章中，会大量地写葫芦可以作为一种航海工具使用，[1]但是所有这些理论如今都已被彻底推翻。[2]没有任何证据表明，葫芦曾被波利尼西亚人或者其他任何人群当作航海工具使用。

一

32　陀螺（Tops）

新西兰的毛利人往往使用木头来制作陀螺，不过他
们也会将葫芦制成陀螺，并称其为波塔卡呼艾（potaka
hue）。贝斯特对这种葫芦玩具进行了如下记述：

一般来说，葫芦陀螺（potaka hue）的制作材
料为尺寸较小的葫芦，偶尔也会用中等大小的葫
芦。一根木棍从葫芦的正中央纵向穿透，两端均凸
出于葫芦两端，这样木棍的底端就成为旋转支点，
木棍的顶部就成为旋转轴，轴上要缠绕绳圈。葫芦
的侧面挖有一两个小孔，其目的在于使陀螺在旋转
时可发出嗡嗡的声音；而且，葫芦里面的果肉等也
都是通过小孔掏挖出来。如果葫芦陀螺的尺寸较大，
需要两人配合才能使其旋转，其中一人握住旋转木
棍（spinning stick，papa takiri），另一人拉动绳圈。[3]

贝斯特也对毛利人如何旋转葫芦陀螺的操作技巧进
行了叙述：

操作者首先将绳子缠绕在旋转轴上，从轴的顶

端一直缠到轴的底部。然后，右手拿着绳子，左手
拿起一根小木棍（类似于牧羊人的曲柄杖），将其
钩在绳子上，并顺着绳子滑下，直至靠在旋转轴的
底部。最后，将左手的一根手指弯曲套住旋转轴使
之固定，用右手用力拉拽绳子、松开绳圈，陀螺便
会飞快地旋转起来。[4]

葫芦陀螺比赛是成年人的一种娱乐活动。谁的陀螺
旋转的时间越长，谁就会赢得比赛的胜利。不过，谁的
陀螺发出的声音最大，谁就会赢得最高的奖赏。在比赛
过程中，参赛者会创作并吟唱两行诗（couplet）或者
其他小曲。当唱到信号词（signal word）的时候，所有
参赛者都开始旋转他们的陀螺。

贝斯特描述了葫芦陀螺比赛的一种特殊目的：

在战争之前，怀卡托（Waikato）地区的毛利
人召开了一次会议，讨论毛利国王的选举事宜。
接下来要讲述的就是一个关于国王是如何被选举
出来的奇特故事，但是我不能保证这个故事的真
实性……怀卡托地区的人们提议，每个部落的代
表都要制作一个陀螺，进行陀螺比赛。如果哪个部
落的陀螺发出的声音最大，这个部落就有权利选举
他们其中的一位担任国王。这项提议得到各个部落

代表的一致同意。来此开会的代表，都用穗花罗汉松木（matai wood，是制作陀螺的优选材料）制作陀螺，而怀卡托地区的代表却用葫芦制作了一个名为蒂·柯提瑞拉（Te Ketirera）的大陀螺。这个葫芦陀螺发出的声音非常大，轻松地赢得了比赛的胜利，最终怀卡托地区的波塔陶（Potatau）被选举为国王。有时，一个国王的命运，竟然是由一个如此之小的东西决定的，不由得令人大跌眼镜！[5]

下面是旋转蒂·柯提瑞拉时的一段唱词：

> 啊，蒂·柯提瑞拉，发出声音吧！
> 你的声音要低一点，
> 以免别人在很远的地方就能听见。
> 嘿！开始啦！

澳大利亚昆士兰北部地区也存在毛利人的类似玩具，有人曾对此进行了描述。贝斯特补充道：

> 这种玩具是由直径大约 3 英寸的小葫芦制成的，除了供安放旋转轴之用的小孔外，还钻有四个小孔。[6]

他还说道：

　　昆士兰的葫芦陀螺的旋转方法，并不是靠拉拽绳子，而是用双手掌面使劲搓旋转轴。陀螺上本没有用来发出嗡嗡的声音的小孔，它们也是近年来才开始出现的。[7]

33　拉线飞轮玩具（Toy Spinning Disc）

　　哈佛大学有一件夏威夷拉线飞轮玩具的标本（如附图 22 - D 所示），它由一圆盘形的葫芦薄片制成，薄片中间有两个小孔，一条用鱼线麻制成的拉线从小孔穿过。[8]具体玩法如下：首先，将拉线的两端缠在双手拇指或者任意一个手指上，将葫芦圆盘放在拉线中间；其次，双手将圆盘甩上几圈，将拉线拧成麻花状；最后，双手用力向外拉开，麻花状的拉线会急速松开，圆盘会因之快速地旋转起来，在惯性的驱使下，旋转的圆盘又会将拉线反向拧成麻花状，而双手需要随之向内回拢……双手不停地外拉内收，圆盘会持续地旋转下去。其原理与泵钻（pump drill）的工作原理较为相似。[9]在新西兰也有类似的玩具，不过是木制的；[10]在波利尼西亚其他地区，可能也存在此类玩具。

34 水壶玩具（Toy Water Bottle）

塞勒姆市皮博迪博物馆有一件葫芦水壶玩具标本（如附图 22 - B 所示），是模仿夏威夷的水壶样式制成的。从外观上看，该标本与标准的水壶尺寸相当，不过它内部的果肉没有被掏出来。其外面套着一个鱼线麻网，用于悬挂。[11]

35 游戏（Game）

夏威夷人喜欢玩一种名为基卢（kilu）的投掷游戏，而葫芦的顶端部分则会在其中充当重要的比赛用具。[12] 马洛（Malo）对其游戏过程的一个版本做过叙述，亚历山大（W. D. Alexander）对此叙述做了注释。[13] 根据他们的描述，基卢是专属于上层社会（alii, upper class）的晚间娱乐活动，隔夜举行一次。不过，在游戏的举行时间上出现了前后矛盾的表述。在另一段落中，他们说基卢游戏会持续整整一个晚上，第二天晚上会继续进行。基卢游戏与乌默（ume）游戏有些类似，后者是普通平民参与的一项娱乐活动。据我所知，在乌默游戏中，没有使用葫芦作为比赛用具。

基卢游戏在室内进行。参赛选手根据性别分为男、女两组，每组 5 人以上；两组选手在房间的两侧相对而坐。两组之间的地面上铺有一张席子，在每个选手的面前，都放着一个底宽头尖的木制圆筒。比赛设主裁判一名，另外每组都配有一个记分员。主裁判站起身来，喊一声"噗嘿哦嘿哦嘿哦"（Puheoheoheo），宣布比赛正式开始。比赛期间禁止喧哗，如果有任何人违反这一规定，他的衣服将被点燃，以示惩罚。

马洛说道，比赛用的基卢或由葫芦制成，或由椰子壳制成，从一端向另一端斜着切下。这种描述与已知标本的制作方法并不一致，它们都是在茎部以下水平切割而成。

每个比赛选手的面前，都放有一个基卢。比赛采用双人对战的方式。一组的记分员拿起即将投掷的基卢，宣布本组派出选手的名字，并说明得分和惩罚规则。另一组的记分员会随之宣布本组派出选手的名字。比赛开始之后，两个选手会旋转自己的基卢，投向对手的圆筒。如果击中目标，记分员会宣布该选手得 1 分，并要求对手做出相应的惩罚行为（比如跳舞、唱歌等）。谁先得 10 分，谁就赢得比赛的胜利，对手还会受到额外的惩罚。

弗南多则给出了基卢比赛过程的另外一个版本。他说道，比赛在一个 6 码宽、40 码长的特殊房间里进行。[14] 房间的两侧各挖一个洞穴，两个洞穴相距一定距离，且洞口处均以鸡毛作为装饰。比赛采用双组对战的方式进行。如果一方的选手用基卢击中对方的洞穴，就会得 5 分，最先获得 40 分的小组获胜。而被打败的小组则必须当众跳舞，作为对其失利的惩罚。

如果选手没有击中洞穴，他会沮丧地吟唱：

> 没有击中啊，离洞穴太远了啊。
> 卡帕卡帕卡（Kapakapaka），那可不是洞穴啊，
> 你是心不在焉呢？还是粗心大意啊？

如果选手击中洞穴得分，他会高兴地吟诵：

> 嘿嗯，呜哈（Hene uha，拍着大腿欢呼的声音），
> 优势还在，优势还在；
> 胜利可真是让人欢喜啊，
> 失败可真是让人难受啊，
> 我们又有 5 分进账了。

在比赛过程中，双方选手不仅比技术，而且打嘴仗，或者自吹自擂，或者反唇相讥，常常妙语连珠。

埃默里和毕晓普也对此游戏进行过叙述，但均与马洛的叙述极为相似。[15] 对于游戏过程，他们描述的都不是非常清晰，而且彼此之间存在矛盾，从而导致了理解上的混淆。

弗南多说道，比赛所用的基卢装饰精美，堪与尼豪

岛上的葫芦盛器相媲美。[16]塞勒姆市博物馆有一件由瑟斯顿（Thrustons）收集到的基卢标本（如附图 22 - C 所示），其外表烙有两行由点组成的三角形图案。[17]该标本由葫芦的顶部制成，直径为 6.5 英寸。埃奇 - 帕廷顿描摹了大英博物馆的一件基卢标本（如附图 21 - C 所示），其直径仅为 3.5 英寸，[18]而毕晓普博物馆的一件标本（如附图 22 - B 所示）则呈近似的圆锥形。

36 杯球游戏（Cup and Ball Game）

葫芦应用于杯球游戏的唯一证据是来自夏威夷的一个标本，如附图 17 - G 所示，此图是由埃奇 - 帕廷顿绘制的。该标本中有一个葫芦哨（在杯球游戏中用作球），被一根饰有羽毛的绳子系在一条呈绞织状的细枝上，枝条下面有一个圆圈（在杯球游戏中用作杯子）。[19]葫芦哨的底部也系有羽毛，它有助于葫芦哨在空中翻转，从而被杯子接住。

37 仿制矛头（Mock Spearheads）

在波利尼西亚绝大多数地区，长矛都是由一整根木头制成的，矛头与矛柄合在一起，并不是一个独立的部件。只有一个地区例外，那便是复活节岛，那里的人们会将黑曜石（obsidian）制成矛头。有大量的证据表明，年轻人在战斗训练中时使用的长矛，其矛头是由葫芦壳片制成的。[20]作为最近一位研究复活节岛居民的专家，梅特劳说道：

> 模拟军事游戏是非常受孩子们青睐的一种娱乐活动。在游戏过程中，孩子们分为两队，互相向对方投掷长矛。长矛的矛头是由葫芦壳片制成的，其外形与黑曜石矛头（taua pahera）颇为相似。用葫芦壳片替代黑曜石作为矛头，可以使长矛不至于伤到对方。[21]

二

38　浮子（Floats）

美国东南部的一些印第安人会将葫芦当作浮子使用，[22]或系在渔网上，或游泳时系在身上。于是，有人可能会据此猜测，葫芦对生活在海边的人们来说应具有相似的用途。然而，在波利尼西亚，葫芦的类似用途仅存在一个证据，它与夏威夷居民的一项体育活动有关。这项活动被称为卡乌普阿（kaupua），参加者需要游泳或跳水，去争夺一个半熟的、勉强能够漂浮在水面上的小葫芦。[23]此外，贝斯特说过，新西兰的毛利人偶尔也会将葫芦用作浮子，但他的叙述不太详细。[24]

39 – 40 诱饵（Decoys and Lures）

夏威夷群岛的渔民使用一种独特的方法来摆脱虎鲨的威胁，汉迪对此方法进行了描述。渔民们会在独木舟里放上几个大葫芦，它们具有特殊的用途。当遇到虎鲨时，它们会作为诱饵被扔入海里。葫芦需要被扔向高空，然后落到虎鲨的旁边，并溅起较大的水花。于是，虎鲨会受葫芦的吸引，从而放弃独木舟。在虎鲨向这个新的目标发动攻击时，每次它的鼻子刚碰到诱饵，诱饵都会起伏摆动，屡屡的失败会让虎鲨勃然大怒。就在虎鲨屡败屡战的过程中，渔民们会迅速地驶往海岸。[25]

弗南多记述了葫芦作为诱饵的另外一种用途：

> 夏威夷人用一种名为波呼艾（pohue）的诱饵，来捕捉一种名为毛毛（maomao）的海鱼。鱼饵由小块圆形的苦葫芦做成，并用火熏黑。人们用四根木棍将渔网口撑开，再将一些鱼饵系在网口，然后将渔网撒入大海。毛毛鱼看到漂浮在海面上的诱饵，便会有去咬住的冲动，从而落入陷阱。[26]

41 鱼线轴（Fish Line Reels）

葫芦的一段，还可以当作鱼线的卷轴使用（如附

图 23 - A、23 - C 所示）。毕晓普博物馆有一件夏威夷的鱼线轴标本，由一个葫芦水壶的残颈制成。这个鱼线轴操作起来相当容易，只需要用两根手指捏住，鱼线便可以收放自如。夏威夷人还有一种更为简单的鱼线轴，它是由葫芦某一普通的小段制成的。[27]

42　戽斗（Bailers）

有迹象表明，夏威夷人曾在独木舟上将葫芦当作戽斗（用于舀船舱积水）使用。在卡霍奥拉维岛发现了一个葫芦容器，其外形像一把小勺子，靠近边沿处有两个小孔。这个容器可能就是在独木舟上使用的一个戽斗。[28]在复活节岛，有更充分的证据表明，人们曾广泛地使用一种叫作塔塔（tata）的葫芦戽斗。[29]

43　注射器（Syringe）

在医疗实践方面，夏威夷人会使用灌肠的方法，来达到排空小肠的目的。灌肠时所使用的注射器，一般由葫芦的上端制成，名为哈哈努伊普（hahano ipu）。不过，在现存的标本中，有的是由竹子甚至是牛角制成的。[30]葫芦注射器的外形呈漏斗状，较小的一端（即葫芦茎端）有一个小孔，另一端则有一个大口。

灌肠时，病人低着头跪在地上，巫医（kahuna）将注射器较小的一端插入他的肛门，然后在另一端用力吹气，强行将液体注入他的小肠。注射所用的液体，通常是用黄槿树皮（hau bark）浸泡过的温水。[31]

44　漏斗（Funnels）

夏威夷人用葫芦漏斗向壶口较小的葫芦水壶里倒水。[32]毕晓普博物馆保存着几件漏斗标本，布里格姆对其中两件类型完全不同的标本进行了描画。[33]第一件标本（如附图 20 - A 所示）是一个真正的漏斗，由一个沙漏状的葫芦制成。葫芦的茎端被切掉，形成一个出水口；它的底部也被切掉，形成一个较大的进水口。我认为，其他形状的葫芦上端（如葫芦注射器），也有可能被当作漏斗使用。第二件标本（如附图 20 - B 所示）严格来讲并不是一个真正的漏斗，它是由一个颈部细长的圆形葫芦制成的。葫芦被一切两半，做成一个带着长嘴的圆形盘子，倒入盘子中的水可以从长嘴细细地流出。在长嘴的对面，漏斗的边缘凸起成为手柄，上面钻有一个小孔，以作悬挂之用。布里格姆讲述了一件他亲眼所见的、关于不用漏斗向水壶灌水的趣事：

在欧胡岛的海岸线上、钻石头火山（Diamond Head）的东部，有许多低于海平面的清泉。在靠近火山口的地方，汇成了一股较大较猛的水流。一名土著居民用手抓住葫芦水壶（huewai）的颈部，

纵身跳入水里，不一会儿就浮出水面，而壶里已灌
满了甘甜的泉水。[34]

45　过滤器（Strainers）

在制作卡瓦酒时，需要使用过滤器将卡瓦根的木质
纤维过滤掉。有时，夏威夷人会向葫芦漏斗填入一些植
物纤维，将其用作过滤器。斯佩克提到，美国东南部印
第安人的葫芦漏斗也具有双重用途，不过使用方法有所
不同，他们向漏斗里塞入的不是植物纤维，而是一块棉
布。[35]除了这种被改造的漏斗外，夏威夷人偶尔也会用
葫芦专门制造一种过滤器，还会使用半个椰子壳制作另
一种过滤器。[36]这种专门制造的葫芦过滤器在外形上有
些像半个葫芦制成的漏斗，如附图 23 - D 所示。与漏
斗的不同之处在于过滤器是由大半个葫芦制成的，因此
它的长嘴是封闭的。这样，就可以向长嘴里塞入一些纤
维过滤杂质。劳伦斯说道，有时也可以向葫芦水壶的颈
部塞入一些纤维，作为漏斗使用。她所指的葫芦水壶，
可能就是葫芦漏斗。[37]

46　灯具（Lamps）

斯佩克发现美国弗吉尼亚州拉帕汉诺克河沿岸的印
第安人（the Rappahannock Indians of Virginia）会将葫

芦用作照明灯具。[38]波利尼西亚地区也有类似的用途，唯一的证据来自贝斯特的简短记述："毛利人将葫芦用作餐具，甚至用作灯具。"[39]夏威夷人使用的灯具一般是由石头制成的，他们将其称为伊普库库伊（ipu kukui），这一事实也能够反映出人们以前使用过葫芦灯具。

三

47　面具（Masks）

葫芦面具在夏威夷群岛和新西兰都可能存在，不过这两个地区并没有标本保留下来，而且缺少相关的文字记录。对于夏威夷群岛而言，其典型的证据是《库克的第三次航行》图集中的两幅插图，[40]它们是根据随行画家 J. 韦伯（J. Webber）的画作镌印的。

本书的卷首插图为《库克的第三次航行》图集中的第 65 幅插图，图中有一艘双船体的独木舟，舟中的 7 名桨手和 3 名乘客均佩戴葫芦头罩。每个葫芦的顶部都装饰着羽毛（抑或树叶），下巴以下的部分装饰着一排布条（可能是树皮布条），看起来像胡子一样。这种类型的葫芦头罩，看上去更像是一个头盔，尽管它的防御性较差。或许它是一种礼仪头盔，而不是一个面具。

10 人之中，5 个人脸部裸露，3 个人脸部被布条遮挡，另外两个人的脸部则似乎被葫芦头罩（其前面挖有一些小孔）完全遮挡。一个人的怀中抱着饰有羽毛的神像，另外两个人的怀里也抱着某种肉眼不能识别的物件，因此此次航行似乎带着某种特殊的使命，这一事实或许更能够印证葫芦头罩是礼仪头盔的猜想。两个船体之间的站台上，一头猪或者一条狗隐约可见，它的身体被一名桨手挡住了一部分。

附图 24 为《库克的第三次航行》图集中的第 66 幅插图，描绘的是一名头戴葫芦面具的男子。在此图中，尽管这名男子的脸部也是裸露的，但是相对于上幅图中的那 5 个人来说，其裸露程度要低一些。此图的原作现藏于大英博物馆，埃奇 - 帕廷顿后来对其进行了描摹。[41]这种类型的葫芦头罩是否用于某种特殊的场合，我们尚不知晓。

这两幅图后来被许多作者广泛引用。毕晓普曾提到，独木舟的桨手会佩戴葫芦面具。[42]布赖恩也做过类似的陈述，并补充道："这些葫芦头罩，应该是面具，而不是防御性的头盔。"[43]贾维斯（Jarvis）在文章中罗列了一些葫芦面具，并且根据第一幅插图描摹了一张图，不过质量欠佳。[44]

对于新西兰的葫芦面具，有一些文字的记载，但没有相关的插图。詹姆斯·考恩（James Cowan）曾对戈特弗里德·林道尔（Gottfried Lindauer）所著的《古代新西兰图集》（*Pictures of Old New Zealand*）进行过文字描述，其中就有一段关于葫芦面具的叙述。[45]考恩在这里讲述了托培拉（Topeora）的一个故事，她的出身比较高贵，来自北岛西海岸的卡菲亚（Kawhia）地区的纳提托瓦（Ngati-Toa）部落。

整个故事的梗概如下：

托培拉在她的一首爱情歌曲里，回忆了少女时代的一段刻骨铭心的爱情经历。塔拉纳基（Taranaki）地区的纳提阿瓦（Ngati-Awa）部落，有一位名为拉维里·特·莫图特雷（Lawiri Te Motutere）的酋长，他不仅英俊潇洒，而且骁勇善战，远近闻名。因此，在遇见莫图特雷之前，托培拉就对其仰慕已久，并深深地爱上了他。莫图特雷精力充沛，身材修长，笔直得似长矛；他的皮肤异常白皙，几乎和欧洲人一样；皮肤上刺着深蓝色的文身，脸上也纹有美丽的图案。他体型匀称优美，是毛利贵族阶层的最佳代表。对于自己帅气的面孔，莫图特雷颇为骄傲，甚至有些自负。当外出或者从事其他活动暴露在日光之下的时候，他都会戴上面具（毛利人称其为 matahuna），以免皮肤被晒黑。这种面具是由用作水壶（taha）的葫芦制成的。葫芦被纵向一切两半，经过仔细处理之后就成为面具。在面具凸起的表面，精心雕刻着莫图特雷的文身图案，两侧均装饰着一簇簇羽毛。这种外形奇特的面具，从头发到下巴将脸部完全遮住，只在眼部和口部开有小孔，并由两根绳子绕着脖子和头部紧紧系牢。头戴面具的莫图特雷，直立挺拔，威风凛凛，已经为战舞（war dance）做好了准备。而莫图特雷的孙女则道出了她爷爷佩戴面具的另一个原因——为了防止各个部落的女子因为目睹他的美貌而深深地陷入爱河。

关于葫芦的文身图案问题，特里吉尔（Tregear）曾说道："如果孩子们为了寻开心而在葫芦的表面刻上脸部文身图案，那么这个葫芦就会被比喻为人头，从而成为禁忌（tapu）。"[46]同样的证据还来自罗布利（Robley），[47]他描绘过一个刻有脸部文身图案的葫芦，这一文身可能来自右脸颊。[48]

另一则关于葫芦面具的记述来自安德森。在该记述中，两个女子在讨论求婚的问题。其中一个女子谈到她参加过某种形式的聚会，在这种场合下，年轻的男子会在长辈和他人的见证下向心仪的女子求婚。她说道："我们和其他人一起进入棚屋（whare-matoro），只见许多年长的波利尼西亚妇女席地而坐，头戴用半个葫芦制成的挂着狗毛的头饰。"[49]安德森关于葫芦面具的记述并不详细，而对于葫芦面具的这一特殊用途，我并没有找到其他的参考资料。

四

48 厕所铲 (Toilet Spatula)

布里格姆曾经提到葫芦的这一用途，这里不需要进行详细的叙述。[50]

49 防鼠板 (Rat Guards)

在马克萨斯群岛，人们用绳子将许多成捆的东西挂在房椽上。为了防止老鼠啃咬，绳子上会串一些倒置的葫芦壳，作为防鼠板。[51]

50 碟形垫圈 (Disc Washers)

碟形垫圈由一些圆形的葫芦壳片制成，体积较小，中心有一个小孔。在夏威夷的一件乌利利标本中，就包含这样一块葫芦碎片（如附图 15 - B 所示）。毫无疑问，这种垫圈非常容易制作，而且随时都可能用得到。我们没有理由认为，在波利尼西亚的其他地区或者在葫芦生长的其他任何地区，人们可能没有使用过这种类似的器具。

51 生火 (Fire Making)

我发现用葫芦生火的唯一记录来自弗南多，他在描写夏威夷群岛时说道："所有的葫芦都拥有厚厚的外壳，用木头在葫芦壳片上摩擦，就可以产生火花。"[52]用葫芦生火究竟是一种习惯做法，还是仅在必要情况下才受青睐的一种可行的方法，目前尚难以定论。夏威夷人和其他的波利尼西亚人一样，都是利用"太平犁"（fire plow，即拨火棍）来生火。使用这一方法时，需要在地上放一块干燥的软木作为犁板，然后用一根硬木棍当作犁，在其上面摩擦生火。葫芦脆弱的外壳，似乎并不能承受犁的力量。不过，假如葫芦壳片足够厚，还是具备充当犁板的可能性。

52 文字载体 (Medium for Writing or Characters)

汤姆森从复活节岛上带回许多标本，对其中的一件标本做了如下记录：

这是一件非常古老的葫芦标本，是从一座古墓中获得的。其表面覆盖着象形文字，与那些刻在条板（incised tablets）上的象形文字较为相似。葫芦在复活节岛上产量丰富，却值得关注，不仅因为它在当地传统文化中占据突出的地位，而且因为它的种子是由本地土著人（而非西方殖民者）引入的。[53]

遗憾的是，梅特劳说道，在国家博物馆（the National Museum）的复活节岛藏品中，现在已经找不到这件标本了。[54]

葫芦用作文字载体的另一个仅有的证据来自新西兰，另一位叫汤姆森的作者写道：

　　在西方殖民者与新西兰人最初的交往过程中，在购买土地契约的签名处，有时会印有脸部文身的图案。民族学者已经指出，这些图案就是某种形式的象形文字。尽管土著人战时偶尔会通过在葫芦上雕刻图案向边远的部落传递信息，但在契约上印上图案完全是西方殖民者的主意。[55]

第六章

装饰艺术

　　总体来说，木雕代表了波利尼西亚地区手工艺的最高水平。在技艺的精湛水平和精细程度方面，树皮布、编织品、席子以及其他工艺品上的图案，几乎都不能与木棍、人像、独木舟饰品以及其他的木制工艺品相媲美。

　　到目前为止，可以确定存在葫芦装饰艺术的地区只有两个，一个是最北端的夏威夷群岛，一个是最南端的新西兰。而在绝大多数地区，由于葫芦在很早的时候就不再使用，因此也没有留下葫芦作为艺术载体的相关证据。

一

　　夏威夷群岛上的葫芦装饰艺术或方法，主要包括两种类型。[1]第一种类型的装饰艺术是染色。染色之后的葫芦外表光滑，有时闪闪发亮；图案精美，其颜色通常淡于底色，不过偶尔也会深于底色。葫芦水壶和葫芦碗的装饰通常采用这一方法（如附图 1、附图 2 和附图 12 所示）。众所周知，尼豪岛和考艾岛的葫芦装饰几乎全部采用这种方法，它或许已经偏离了夏威夷的主流文化。不过，也正因为如此，这一独具地方特色的染色方法又被专门称为"尼豪法"（Niihau method）。在欧洲殖民时代早期，夏威夷群岛其他地区的人们，将染过色的葫芦水壶称为"尼豪葫芦"（Niihau calabash），并将其视为珍宝。这些外观漂亮的葫芦水壶容易破碎，但保存下来的标本数量较为可观。据此可以判断，尼豪岛上的土著人肯定曾经利用这一特产，与其他岛屿的居民进行规模较大的贸易。

第二种类型的装饰艺术多用于葫芦哨，在其他类型的葫芦藏品中并不多见（如附图 17 至附图 19 所示）。葫芦的表面有火烧或火烙的痕迹，其装饰方法目前被称为"烙画方法"（pyrography method，不过有人对此提出了某种怀疑，认为它其实是另一种形式的染色方法）。烙画之后的葫芦表面不再光滑，作为背景的淡色区域，要稍稍高于被装饰的深色区域。据我们所知，除了葫芦哨、一个拨浪鼓标本（如附图 15 - B 所示）和两个基卢标本（如附图 21 - C 和 22 - C 所示）之外，只有马萨诸塞州历史学会（Massachusetts Historical Society）向哈佛大学皮博迪博物馆捐赠的葫芦标本使用过这种装饰方法，其中包括一个葫芦水壶（如附图 2 – C、2 – D 所示）、一个呼拉鼓（如附图 16 – C 所示）、一个葫芦箱（如附图 9 – A、9 – B 所示）和一个未知用途的容器（如附图 13 – A、13 – B 所示）。这个呼拉鼓或许是现存的唯一使用烙画方法装饰的呼拉鼓。

遗憾的是，受欧洲文化的冲击，没有一种装饰方法能够完好地传承下来，以便人们准确地进行观察研究。不过，还是有几则关于这两种方法的记述保留了下来，在此进行简要地总结和讨论。

威廉·埃利斯牧师（Reverend William Ellis）叙述了他在夏威夷岛柯哈拉地区（the Kohala district）所见过的装饰方法：

> 为了给葫芦染色，他们将几种切碎的药草（主要是海芋属植物的茎叶）、一些深色的铁质土（ferruginous earth）和水搅拌在一起作为染料，并将其放入葫芦之中。然后，他们用一块坚硬的木头或石头在葫芦的表面刻画自己喜欢的图案。图案的样式各种各样，有菱形、星形、圆形，还有波浪线和直线，这些线条或彼此分离，或垂直交织在一起。不同类型的图案，都具有相当程度的准确性，

并显示着一定程度的偏好。染料在葫芦里放置三四天之后，他们将葫芦放在本地的烤箱里烘烤。将烘烤后的葫芦从烤箱中拿出来时，之前刻画过的地方都呈美丽的褐色或黑色，而那些没有刻画的葫芦表面仍然保留着自然、明亮的黄色。之后，他们将染料倒掉，并将葫芦放在阳光下晾晒。最终，葫芦的整个表面光滑闪亮，完美无缺，永不褪色。[2]

布里格姆说道：

关于半个世纪之前葫芦碗的制作，我的记录如下——在需要保持原始颜色的表面部分涂上一层可以防水的油漆或釉料，然后将需要染成黑色的表面部分刮擦干净。之后，将葫芦放入芋田边的池塘淤泥里浸泡一段时间，这一环节是一种蚀刻的过程。我承认在这个博物馆我观察过几个精美的标本，但是我真没有看出来上述过程是如何产生这种神奇效果的……[3]

对于布里格姆的陈述，班尼特（Bennett）说道：

使用如此原始的方法，能够制作一些精美的艺术品，着实让人难以理解。亚历山大·麦克布赖德

（Alexander McBryde）先生在装饰葫芦时使用的另一种方法，似乎更为适用。将乌蕨（palaa fern）煮浓制成浅褐色的染料，将香鱼骨木（alahee，这种灌木可以用来制成一种耕作工具）的叶子制成深褐色的染料。有时，甘薯的顶部也用作染料。用锛子或刀子将葫芦的顶部切掉，再掏挖内部，仅留下大约一英寸厚的果肉。然后，用牙齿或者其他锋利的工具在葫芦表面刮出图案，刮的力道要足够大，能够穿透表皮。之后，将染料倒入葫芦里，放在太阳下面晒上几天。麦克布赖德说，那些腐烂物质发出来的气味"破坏了家庭的快乐氛围"。葫芦的表皮非常柔嫩，在晾晒期间一定不要触碰。染料中的水分容易蒸发，需要时不时地补充。晾晒完毕之后，将剩余的染料倒掉，并将葫芦晾干。然后，掏掉剩余的果肉，将葫芦内壁刮擦干净。最后，将葫芦的表皮剥掉。于是，在葫芦表面深色的背景上，会呈现出浅色的图案。由于空气、日光的影响或者二者的共同影响，染料不会对被刮成图案的表面部分起作用。[4]

另一个较为详细的叙述来自布赖恩：

    首先将葫芦的种子和果肉清理干净，然后在其表面涂上薄薄一层面包树胶，以起到防水的作用。接下来，用一个锋利的工具（通常用大拇指指甲），小心翼翼地将部分树胶刮掉，形成各式各样的图案。之后，将葫芦放在芋田中的泥土里埋上一段时间。等到泥土的颜色完全渗进葫芦壳的时候，将葫芦取出来，再去掉剩余的树胶，最终深褐色的理想图案就会永远印在葫芦的原色外壳之上。[5]

埃默里曾对陈葫芦进行了一些试验，他说道：

在葫芦染色的试验中，我发现如果将陈年的干葫芦清理干净之后，放在芋田中的泥土里（准确地说，是放在池塘水下的泥土里）埋上三四天，葫芦表面的颜色会变得非常黑。我没有办法将黑色擦除，或者将已经染成黑色的表皮剥掉。于是，在放入泥土时，我在一个葫芦表面的部分区域涂上了一层蜡（candle wax），这种方法可以稍稍地限制泥土的染色作用。我又用胶水试了一下，不过泥土还是会透过胶水产生染色作用。很明显，将葫芦埋在芋田的泥土中，它将会被染成黑色。而通过限制泥土的染色作用，可以形成各种图案。[6]

就布里格姆的陈述，埃默里进一步补充道：

你会看到图案包括线条（许多线条非常优美）、三角形和小圆点。如果根据布里格姆的阐述来对葫芦进行染色，除了非常优美的线条、圆点以及一些较粗的线条和三角形外，绝大多数葫芦的表皮会被刮掉。对我来说，这种方法似乎是行不通的。不过，我认为尼豪岛上的一位夏威夷妇女的阐述是正确的，能够得到验证。这位妇女叫玛卡霍努那姆（Makahonunaumu），她是在一年前（1940）即将离世的前几天做出这一阐述的，即在葫芦还是绿色的时候进行染色，于是表皮变得非常柔软。然后，将承载图案部分的表皮刮掉。在晾干的过程中，葫芦表面会从绿褐色逐渐变为橙褐色，外壳会变得非常坚硬，刀子都无法刺穿。[7]

对于在刮掉表皮之前就在绿葫芦上刻画图案的染色方法，特拉姆（Thrum）在给弗南多做的脚注中也进行了说明。他说道，有时在葫芦尚未采摘之前就对其进行染色。[8]

以上都是关于尼豪葫芦染色方法的论述。烙画方法可能就是在葫芦表面烙痕作画，或者可能就是另一种形式的染色方法，与埃利斯和麦克布赖德的描述有些类似。

埃默里在谈及埃利斯的记述时说道：

　　假如埃利斯描述的那些外表光滑的葫芦是通过染色方法制成的，那么他其实犯了一个错误，因为葫芦上的波浪线、直线等图案保持着葫芦表皮的原始颜色，而图案之外的其他部分却都是黑色。我认为他提到的利用木头或石头刻画图案的过程，实际上是一种刮擦的过程。通过浸泡将新鲜的葫芦完全染成黑色之后（这一过程只会将鲜嫩的葫芦表皮染黑），随即刮掉部分柔软的表皮，形成各种图案。然后，将葫芦放在烤箱里烘烤硬化。[9]

麦克布赖德向班尼特叙述的染色方法，会产生在深色背景上呈现浅色图案的效果。这种方法不适用于烙画葫芦，因为烙画葫芦往往具有浅色背景和深色图案。绝大多数尼豪葫芦的背景颜色深、图案颜色浅，不过偶尔也会有例外（如附图 12 - C 所示）。

究竟麦克布赖德的染色方法，是当地人告诉他的，还是他自己的独立发明，这一点我不能进行判断。

埃利斯的记述中提到的各种图案以及装饰之后的葫芦，更像是尼豪葫芦。这里存在这样一种可能性——他以前见过一些染色的尼豪葫芦，然后他又在夏威夷看到一些正在染色的葫芦。于是他做出了如下设想：他所看到的染色过程，会产生其熟悉的染色效果。

总之，夏威夷人装饰葫芦所使用的精确方法不为人知，但是格雷纳（Greiner）认为图案是画在葫芦上的观点肯定是错误的。[10]现存的记述是相当混乱的，必须通过在绿葫芦上进行直接试验的方式最终将其理顺。毫无疑问，至少存在两种装饰方法，一种用于尼豪岛和考艾岛，另一种用于夏威夷的部分地区。柯哈拉地区可能采用烙画方法，因为与夏威夷其他地区相比，这一地区的文身现象更为盛行，而这种艺术化倾向有可能会波及一些葫芦的装饰。不过，有人对此持反对意见，因为在此地山洞中发现的众多葫芦标本中，没有一个标本是经过装饰的。还有证据显示，在夏威夷的南部地区，并不存在染过色或装饰过的葫芦。[11]

格雷纳将夏威夷地区的所有葫芦图案划分为四组：第一组图案类似于网眼或者彼此相连的卵形；第二组图案为毗连数行三角形、菱形或六边形的水平线；第三组图案为圆形；第四组图案为不规则地分布于葫芦表面的文身或岩画（petroglyph）图案。[12]这四种类型的图案均适用于尼豪葫芦，尽管格雷纳没有提及葫芦的装饰方法。

哈佛大学里的几个烙画葫芦，其表面上的图案不能进行如此有规律地分类。大多数图案烙得并不是特别好，有时不同样式的图案，如圆形、平行线、点、三角

形和菱形，会形影不离地搭配在一起（如附图 12 - C
所示）。在那个大葫芦箱的表面，有一大部分区域烙着
同心圆形图案，并配以向各个角度延伸的几组平行线。
所有的线条，包括环线和直线，都有着不规则的锯齿边
缘（如附图 9 - B 所示）。没有一个图案，会被框在像
网眼一样的限定区域里——这是尼豪葫芦最常见的样
式。有时，如果一个区域烙有多个重复的单一图案，如
菱形、圆点、平行线、三角形或直线等，那么这些堆砌
在一起的图案会使用一个轮廓加以限定。不过，显而易
见，这个轮廓相当随意，不像网眼或其他图案那样有
规则。

利用烙画方法装饰的水壶（如附图 2 - C、2 - D 所
示），其壶体可大致分为 9 个矩形区域。任意挑选一个
区域，绕壶体从左到右，各个区域内的图案依次为：三
行平行的扇形、菱形、平行的水平线（上面有一些锯
齿状三角形）、平行的垂直线（上面有一些小的、弯曲
的导线作为标记，看上去像一行行紧密相连的鱼尾
纹）、水平平行的数行锯齿状三角形、数行紧密相连的
三角形、数行菱形以及水平平行的折线。葫芦哨往往是
以烙画方法装饰的，装饰图案通常是数行平行线（包
括直线和折线）、三角形和圆点。有时，葫芦哨的一大
部分区域呈黑色，通常位于其顶部或底部（如附图
18 - B、18 - C 所示）。塞勒姆市博物馆的葫芦哨标本

（如附图 17 - C、17 - D 所示）有着不同寻常之处——其基础图案呈辐射状，而且其整个表面都被无数个圆点覆盖。这些圆点其实是一些小洞，里面填满了黏土一样的物质。在我所观察的众多夏威夷葫芦标本中，这是唯一具有镶嵌工艺的标本。另外一个葫芦哨标本（如附图 17 - E 所示）也相当特别，其底部烙有一个四角星图案，并配有两个多米诺骨牌图案和两个带有圆心的圆形（dotted circle）。除了哈佛大学的藏品和几个小葫芦哨之外，使用烙画方法进行装饰的其他标本仅有一个拨浪鼓和两个基卢。在拨浪鼓的底部有一个较大的星形图案，还有一些不规则的星形（如附图 32 - D 至附图 32 - F 所示）；在靠近把手的地方，有一圈开口的三角形和一圈 "X" 形图案。基卢的装饰图案为一些填满圆点的三角形（如附图 22 - C 所示）或几排三角形（如附图 21 - C 所示）。

使用尼豪方法装饰的葫芦，尤其是葫芦水壶，其表面最常见的图案是网眼，格雷纳对此有过较为详细的论述。[13]网眼的形状并不完全相同（如附图 29 至附图 31 所示），但其设计原则都是一样的。每个网眼的内部包含许多平行的直线和曲线，有时在线条的一侧或两侧，会配有三角形（如附图 30 - D 所示）或半圆形（如附图 33 - E、33 - G 所示）。有的网眼会填满六角形（如附图 31 - A 所示）、圆点（被短线二等分、三等分或四等分，如附图 33 - F、33 - H 所示）、沙漏形（如附图 30 - C 所示）和不规则的菱形（两条直线从两端点处延伸出去，如附图 30 - B 所示）。尼豪葫芦碗的表面有时会用网眼装饰（如附图 12 - B 所示），不过包含三角形、菱形以及沙漏形的横条纹（如附图 12 - A、12 - C、12 - F 所示）似乎更受青睐。一个葫芦碗的边缘饰有两圈方向相反的"V"形图案（如附图 12 - A 所示），而另一个葫芦碗的边缘则饰有一圈"W"形图案。与条纹、网眼无关的单个图案非常罕见，不过有一个葫芦碗是个例外，其表面装饰着四种不同的图案（如附图 12 - D、33 - A 至 33 - D 所示），可能这个碗的年代相对较晚。其中一种图案（如附图 33 - C 所示）看上去像一面盾牌，其顶端生长着一株貌似菠萝的植物。另外，三种图案（如附图 33 - A、33 - B、33 - D 所示）很显然是源自不同的树木或其他植物，就附图 33 - A 和 33 - D 来说，它们也可能是某种支架。总之，在夏威夷的葫芦艺术之中，象征性的或自然性的事物颇为罕见。格雷纳提到并描绘过一个花形图案，不过这种图案非常少见，而且可能出现的年代较晚。[14] 在几个饰有网眼的葫芦水壶表面，上面的网眼内包含星形图案，而下面的网眼内则包含着折线（如附图 1 - E、1 - F 所示）。对于这几个水壶标本而言，星星和折线的位置高度一致，可能是图案设计者有意为之，旨在表现"上天下水"的意象，或许与夏威夷人以葫芦为主题的创世神话有着某种关联。

葫芦水壶底部的图案为四边形、圆形、五边形或多边形，有时是由侧面的三角形网格的底边拼接而成。有时，这些图案会非常简洁，不过多数时候它们会在某些方面较为精致（如附图 25 至附图 27 所示）。基本的方形图案包括马耳他十字架（Maltese cross，如附图 25 - D、25 - E 所示）、精致的角（如附图 25 - C 和 27 - B 所示）和有凹口的边（如附图 26 - A 所示）。仅有的一个同心圆图案，是在一个烙画葫芦水壶标本的底部发现的（如附图 26 - C 所示）。有一个图案比较特别，两条直线穿过一个圆并在圆点附近相交，将圆分为四个扇形；在其中的一个扇形内部，有一幅岩画，画中看上去好像是一个手持棍子的人（如附图 26 - D 所示）。在四边形图案中，两个图案的内部填充着其他类型的图案（如附图 27 - B、27 - C 所示）。另一个四边形图案面积很小，与其相接的四个三角形本应位于侧面，却和它一起构成了底部图案（如附图 27 - A 所示）。葫芦水壶颈部的图案，与底部图案有些类似，不过通常更为精致。有一个颈部图案包含扇子图案（如附图 28 - A 所示），另一个包含我们更为熟悉的星形图案（如附图 28 - D 所示）。

二

尽管新西兰的装饰方法少有记录，而且葫芦在此地区很早就被弃用，但是从现存的葫芦标本来看，此地的葫芦装饰方法与夏威夷的装饰方法有着明显的差异。显而易见，新西兰的葫芦装饰方法是利用锋利的工具在其表面雕刻图案。可能存在两种雕刻图案：第一种是凹陷部分较为宽阔的浅浮雕，第二种是由锋利的切槽刀勾勒而成的简单轮廓。

新西兰葫芦表面的图案与毛利人雕刻在木头上的复杂曲线图案完全相同（如附图4、附图14所示）。附图4－D所示的葫芦水壶表面所显示的图案，就是此类雕刻图案的一种非常简化的形式。菲利普斯（Phillipps）在一篇关于银蕨（koru，新西兰的国花）图案的文章中提到，拥有这种图案的葫芦容器称为伊普瓦卡伊罗（ipu whakairo）。[15]他认为，那些珍藏在博物馆中的古老的葫芦标本，其表面雕刻图案可能是一种传统。他提到（不过没有配插图），有一个葫芦标本的表面被一些直线划分为几个对称区域，有的区域内部会填充银蕨图案。在不同的地区，银蕨图案也会存在一定差异。菲利普斯对另外一个古老的葫芦标本做过如下叙述：

在葫芦容器底部的支撑点附近，一大部分椭圆形区域没有雕刻图案。在椭圆形区域的边缘和容器上沿中间，环绕着一个带状图案，而在环带上下则分布着许多银蕨图案。这个葫芦容器的图案具有两个突出的特征，从而奠定了其在毛利人艺术史上的重要地位。一是用来增强渲染效果的一些小的圆形区域，二是许多编织品的雕刻图案。这些圆形区域未必是简化的螺旋形图案，更可能是银蕨的（缺少茎干的）球茎。[16]

三

在夏威夷群岛，人们使用绳子或绞绳网子将葫芦悬挂在屋内、屋外或者旅行时所带的木棍上。若对这些网子进行详细的研究，则需要一本相关的著作。如果有人对此有疑虑，那他只需要参考斯托克斯发表的文章即可。[17]这里没有必要将拥有不同打结方法的各种网子复述一遍。我只想说，葫芦的形状不同、用途不同，所需要的悬挂工具（或附属物）就会不一样。能够稳稳地将葫芦旅行箱套住的网子，却固定不住独木舟上的葫芦水壶；而用来悬挂沙漏形葫芦的绳子，却不足以用来悬挂盛放食物的葫芦碗。夏威夷的网子制作精美，其编织工艺体现了前殖民时期高超的技艺水平。有些葫芦碗在悬挂时，需要使用绳子（主要是椰绳、辫绳和鱼线麻绳）穿过几个小孔，然后将绳端打结。旅行时，人们会在肩上挑一根木棍（auamo），把葫芦悬挂在木棍的两端（如附图8所示）。

在马克萨斯群岛，人们使用与夏威夷类似的绞绳网子悬挂和保护葫芦，不过其工艺略逊一筹。就葫芦制作的终止时间来说，马克萨斯群岛要比夏威夷群岛早很多。[18]在使用葫芦容器的波利尼西亚其他地区，人们也会利用各种各样的工具来悬挂葫芦，但是对其知之甚少。而且，有证据显示，这些工具的精致程度远远不及夏威夷。

四

在波利尼西亚地区，使用编织品来保护葫芦容器是夏威夷群岛和新西兰特有的现象。[19]夏威夷的编篮工艺颇为卓越。篮子是由藤露兜（ieie）的藤蔓编织而成的，将其套在葫芦上非常合身，二者几乎可以融为一体。篮子和葫芦紧紧地贴在一起，没有松动，没有任何空隙，即使是一个薄薄的刀片，在不损坏两者的前提下也插不进去。这些篮子的编织工艺早已失传，但是有大量的标本在许多博物馆里保存了下来（如附图9、附图

13 所示）。据说这种使用篮子包裹的葫芦（hinai poe-poe），常被专门用来盛放贵重物品，是名副其实的原始保险箱。[20]这些篮子制作非常精美，即使葫芦容器偶然被打碎，篮子还会再用上几年，来盛放其他日常用品。有时，葫芦水壶也会用篮子来包裹，不过肯定非常罕见。[21]

在新西兰，安放在木腿上用来储存鸟肉的大葫芦，也是由编织品包裹的（如附图 7 所示）。不过，这里的编织品没有夏威夷的精致，而且套在葫芦容器上的时候稍微有点松。

如果葫芦碎裂但不是很严重的话，可以通过以下步骤修补。首先，在破裂处两侧，每隔几毫米钻一个小孔；然后，用鱼线麻绳穿过小孔，将打裂的两部分拼接得整整齐齐（如附图 12 – E 所示）。

第七章

神话、传说与谚语

波利尼西亚地区葫芦文化的重要性，集中体现在许多与葫芦相关的、充满神奇性和寓言性的神话和传说之中。接下来的一些例子，取自当地丰富的民间传说和神话故事，以及祷文、谚语、谜语和翻绳游戏（string figure）中的唱词。

一

啊，农禄神！起来吧，来享用给您供奉的卡瓦酒，来享用丰盛的大餐。啊，农禄神！

啊，瓦凯阿（Wakea，天神）！啊，农禄神！你们赐予了我们大量的猪狗，还有广袤的土地。

让天上的云彩拥有吉祥之兆！让我们宣布修建一个庄严的神龛！供奉神灵的夜晚，是如此宁静，如此清澈！

　　这是我的藤枝，这是藤枝上的果实。嫩嫩的藤枝上，挂满了密密麻麻的果实，好一个葫芦园啊！

　　一排排的葫芦，都结满了硕果！葫芦的果实好苦，就像鱼胆一样。

　　请问，有多少颗葫芦种子，种在了这片用火开辟的土地上？有多少颗种子，种在了夏威夷，并在这里开花？

　　这颗葫芦种子被种在地里。它慢慢地生长，它长出了叶子，它开出了花朵。看，在这条藤枝上，结出了果实。

　　这个葫芦被安放在一个适当的位置，这真是一个外形匀称、优美的葫芦啊。

　　这个葫芦被摘下来，然后切开，里面的果肉被掏空。

　　这个葫芦就是一个伟大的世界！它的盖子，就是库亚基尼（Kuakini）的天空。

　　把它套进一个网里！再系上一个弯弯的把手！

　　将恶魔的妒忌和罪恶，都囚禁在里面……[1]

　　上面的一段文字是一则"葫芦祷文"（Pule Ipu），是由一位夏威夷父亲在一个欢迎仪式上吟诵的，该仪式是为了迎接他的儿子从女性食堂转到男性食堂而举行的。这位父亲之所以吟诵祷文，是希望这个男孩能够朝气蓬勃，能够生长得像葫芦藤一样健壮，并且祈求可能降临到孩子身上的所有恶魔都能够被降伏在葫芦之中。在仪式上，人们要用一头烤猪来祭祀众位神灵。这头猪需要在参加仪式的人们到齐之前烤熟，之后猪头被割下来，放到位于男性食堂尽头的、供奉农禄神的祭坛上。在农禄神的颈部挂着一个配有木勺的葫芦，这位父亲需要将猪耳朵放入这个葫芦之中。除此之外，在农禄神神像面前，还要摆放香蕉、卡瓦根和卡瓦酒。然后，这位父亲将这碗卡瓦酒献给农禄神，同时口中说道："库神（Ku，战争之神）、农禄神、肯恩神（Kane，生命之神）、卡那罗神（Kanaloa，海洋之神）等众位神灵啊，这里有烤猪，有椰子，有卡瓦酒。"接下来，他开始念诵上面的这则祷文。念诵完毕之后，这位父亲舔一下卡瓦根（表示"农禄神喝了卡瓦酒"），喝掉碗里的卡瓦酒，享用各种各样的荤菜和素菜。最后，这位父亲会请在场的所有人将烤猪迅速地吃掉，仪式遂宣告结束。仪式结束之后，这个男孩就不能在女性食堂吃饭了，一日三餐都只能在男性食堂吃。[2]

在夏威夷人的一则创世神话中，宇宙据说是由葫芦演变而来的。葫芦是瓦凯阿和帕帕（Papa，地神）的祭品，被分成两半。葫芦的上半部分被帕帕向上一抛，变成了天空，其中的果肉和种子变成了太阳、月亮和星

星；而下半部分则变成了地球和地球表面的水。³

在这个新生的世界形成之后，所有的植物、动物和无生命的物体都被赋予了一定的职责。就在此时，葫芦、椰子和竹子注定要承担起为人类盛水的责任，因此它们在任何地方携带起来都相当方便。而葫芦又被特别挑选出来，专门用来盛放海水。⁴

波利尼西亚人也拥有自己的洪水神话，尽管这一神话在基督教传入之后可能被当地人重新演绎。在神话之中，据说在洪水退去之后，葫芦在地球上遍地生根发芽。⁵

在波利尼西亚人（尤其是夏威夷人）的宗教活动和社会活动中，葫芦的重要性很难被高估。在夏威夷人的墓穴和供奉神像的祭祀场所中，都会发现祭祀活动之后剩下的葫芦碎片和其他垃圾。⁶波利尼西亚人都有自己的神灵，他们就像自己的家人一样，需要精心喂养和照料。吃饭时，为了让神灵高兴并保持它的威力，人们会用葫芦碗给它盛一份山芋或其他食物。⁷这些神灵全部都是属于私人的。如果一个人想要创造一位神灵，他需要获得一个亲戚、朋友或孩子的尸体，因为这位神灵是和尸体待在一起的。将尸骨清洗一下，和头发一起扎成一捆，就可以给神灵提供一处永久的住所。此后，神灵的拥有者就需要向其供奉衣服、食物、卡瓦酒、葫芦盛器以及其他日常用品。随着时间的推移，这位神灵会越来越强壮，对拥有者的帮助也会越来越大。不过，一旦神灵被创造出来，就必须受到精心的照料。[8]

马克萨斯群岛的居民，将盛满食物和水的葫芦、椰子壳放在墓地来祭祀死者。在波利尼西亚的几个地区，当地的祭司发现葫芦在巫术方面也具有很大的用途。例如，在夏威夷群岛，人们认为一个人死亡，可能是因为受到了某个仇人的诅咒。如果亲朋好友认为死者就是以这种方式去世的，那么他们可能就会请一名祭司（Kahuna）来帮忙找到这个罪人。在一系列烦琐的仪式结束之后，祭司将一个葫芦和一些库库伊（Kukui，大戟科石栗）坚果摔到一块石头上，他可以从葫芦碎片散落的方向，判断那个嫌疑人的具体位置。在仪式即将结束时，需要修建一个炉灶，并在其四角各用一个葫芦进行装饰。[9]以上述方式判断嫌疑人具体位置的做法，在塔希提岛上也多多少少存在。[10]在萨摩亚，年轻人在文身之后，要摔碎一个葫芦水壶。如果壶塞没有找到，那么这个年轻人不久就会死掉。[11]

一批厚颜无耻的夏威夷巫师发现，葫芦可用来囚禁活人的灵魂（巫师可用其法力看到并抓到它们）。一旦灵魂被闷死，人的身体便会生病直至死亡。于是，这些巫师就想到了一个利润颇高的赚钱门路——利用被囚禁的灵魂，来敲诈灵魂的主人。[12]

有一个与葫芦有关的梦，可以预知危险的发生。在

梦里，一个葫芦水壶被打碎了，水壶里的水泼到了一些
垃圾上。这一梦境被视为极其不祥之兆，可能第二天便
会有血光之灾。[13]

葫芦会多次不经意地进入一些故事和传说之中。有
一个故事，讲的是一个魔鬼，肩上挂着一个葫芦，到处
漫无目的地游荡。[14]下面两句歌词所描述的生活场景，
在波利尼西亚地区颇为常见：

孩子拿着圆圆的葫芦水壶，妇女也拿着葫芦水
壶；她们就生活在这里。[15]

在塔希提岛上，注定要被杀死的人被称为"碎葫
芦"（broken calabash）。[16]

贝克威思（Beckwith）提到了一个名为 mo-i 的术
语，用来指代一名高级酋长，具体描述如下：

这个名字由两个单词组成，第一个单词是 mo，
意为"葫芦"；第二个单词为 i，意为"说"。这两
个单词合起来的意思就是"腹中有话的葫芦"，引
申为"政府的重要决策都装在这位高级酋长的肚
子里"。因此，过去的夏威夷人都称高级酋长为
mo-i——一个能代表所有人的首领。[17]

对于"i 意为'说'"这一点，没有任何异议。但是，对于"mo 意为'葫芦'"这一点，我没有找到其他的权威资料。安德鲁斯（Andrews）没有提过这一含义，不过他确实说过"mo 是许多单词的前缀，不过具体意义不是很清楚"。[18]

在塔希提人的一则关于鳗鱼的传说中，提到了一个葫芦水壶，其中盛放着半条鳗鱼；[19] 在毛利人的神话《隆戈是如何将卡瓦根带到新西兰的》中，也提到了一个葫芦水壶，其中盛满水放在隆戈的面前。[20] 毛利人的一则具有讽刺意味的谚语也提到了葫芦——"干得好！孩子们，你们打碎了妈妈的葫芦。"[21]

夏威夷有许多以葫芦与风为主题的民间故事，这不由得让人想到那则著名的希腊神话——奥德修斯（Odysseus，古希腊史诗《奥德赛》中的主人公）和埃俄罗斯（Aeolus，风神）所赐的风袋。[22] 其中，有一个最著名的民间故事，主人公叫帕卡阿（Paka'a）。帕卡阿的母亲叫拉玛欧玛欧（La'a-ma'oma'o），有时她也被认为是风神。在这个故事的一个版本中，母亲送给儿子一个表面光滑、外观精致的葫芦（而在另一个版本中，送给儿子的葫芦则被编织品包裹着）。葫芦里盛着风，还盛着祖母罗亚（Loa，风的控制者）的骨头（不过在另一版本中，盛放的是母亲的骨头）。母亲告诉他，如果帆船因为没有风而无法向前行驶，他可以使用葫芦来召唤他所希望的任何一种风，来帮助他安全着陆。最终，帕卡阿受到一位夏威夷国王的宠爱，负责掌管国王的私人物品，并负责为国王驾驶独木舟。控制风的能力的确给了帕卡阿很大的帮助，尽管后来他一度失宠并被放逐，但他的继任者相当不称职，不久之后他重新被召回。

在另一个关于风葫芦的故事中，主人公为毛伊（Maui），他是一位传奇英雄。在夏威夷岛的怀皮奥山谷（the Waipi'o Valley），生活着一位年长的祭司，他有一个里面盛放着风的葫芦。毛伊用树皮布和鱼线麻绳制作了一个大风筝，但是没有找到足够的风力来放飞。后来，他想到了这个能够控制风力的老祭司。于是，毛伊来到山谷找到祭司，请求他借给自己一些风。祭司同意了他的请求，从葫芦中放出了一些非常强烈的风。看到风筝飞上了天空，毛伊相当高兴，并不断要求祭司释放越来越强的风。毛伊每次要求增强风力，祭司都需要将葫芦盖子提高一点。最后，风力太大，将风筝线刮断，而风筝则越过火山，飞到了岛的另一端，这让毛伊非常生气。不过，在找到风筝之后，毛伊变得比较谨慎，不再要求异常猛烈的风了。

在夏威夷的民间故事中，有许许多多关于清洗死者尸骨并将其装入葫芦的情节。上文（帕卡阿的故事）已经提到，风神的尸骨连同她生前所控制的风，一起被盛放在葫芦中。在农禄神的故事（Story of Lonoikamaka-hiki）中，就出现了好几处有关处理死者尸骨的类似情节。[23]更多的情形是——在酋长死后，其尸骨以此方法在葫芦里保存。[24]不过，有时敌人的尸骨也会得到同样的待遇。[25]

在波利尼西亚地区，有一个故事广为流行。故事中，一个男人受到诱惑娶了一个会施魔法的女人，这个女人不但会七十二变，而且是个食人者。直到落入女魔手中之后，这个男人才认清了妻子的本来面目。在屡次冒险尝试之后，他终于逃脱了妻子的魔掌。最后的一次尝试是这样的——他向妻子要一些冷水，妻子同意了。但是，在给妻子葫芦水壶之前，他在水壶身上刺了许多小洞。就在妻子费时费力地试图将水壶灌满的时候，他成功地逃跑了。[26]

在土阿莫土群岛的一则关于英雄火奴伊乌拉（Honoi'ura）的传说中，穿孔的葫芦也被当作一个笑话来使用。这位英雄将他的葫芦水壶刺破，然后搞了一个恶作剧——派他的弟弟图玛（Tuma）去河边取水。图玛发现葫芦漏水，仔细地查看了一下，发现上面的洞是刚刚弄的。就在图玛费力地装水的时候，三位漂亮的姑娘出现了，站在一边冲他大笑。图玛见状，变得非常尴尬。三位姑娘一边大笑，一边即兴吟唱，嘲讽他一个人提着一个穿孔的葫芦屈身灌水，图玛顿时由尴尬变为愤怒。

于是，他急忙提起水壶，迅速跑回家中，将壶中剩余的水全都泼到了哥哥的头上。[27]

在火奴伊乌拉的故事中，还提到了一个具有魔力的祖传葫芦。这个葫芦名为特波丽（Te-pori，意为"肥胖"），是他从山里的老家带来的，葫芦里盛有冷雾（Dew of Ta-roa）。火奴伊乌拉还拥有一位灵性导师（spirit guide），指引自己让冷雾逃逸，飘到海洋上空。直至今日，在释放冷雾的整个地区，仍然能够看到雾气。但是，在土阿莫土群岛的其他地区，不存在这种冷雾。[28]

在塔希提岛的一个传说中，塔卢阿（Ta'aroa，造物之神）将一个婴儿藏在葫芦里以躲避敌人的迫害，这个婴儿是在土块里出生的早产儿：

> 于是，塔卢阿就派人到他的花园里，从藤蔓上摘下一个大大的绿葫芦。他在葫芦的茎端开一个口，挖出一个足够大的空间，然后将土块放在里面。接下来，他将葫芦紧紧地密封，装到一个篮子里，悬挂在停放独木舟的棚子的横梁上。这个棚子靠近海边，环境非常宁静。在这里，这个婴儿远离敌人的魔爪，以葫芦的果肉为食物健康地成长。当果肉吃完的时候，他开始号啕大哭，众神知道是时候把他从葫芦里取出来了。于是，他们将大葫芦打

碎，呈现在面前的是一个外表俊俏的少年。这位少年高声呼喊："现在，我终于看到外面的世界了！那个葫芦，那个我曾经居住过的地方，真是太黑太暗了！"说完之后，他又很快一丝不挂地酣然入睡。[29]

夏威夷的传说对苦葫芦的起源问题进行了说明——一位女酋长死后，被埋葬在一个山洞里。在其陪葬的船上，长出了一条葫芦藤。葫芦藤越长越长，爬到了一位酋长的花园里，并结出了一个大葫芦。酋长发现之后，用力地捶了一下葫芦，以确定一下它是不是已经成熟。没想到，葫芦的灵魂却在梦里向一位祭司告状。于是，祭司和酋长两人循着藤蔓找到了葫芦的生长源头。自此之后，葫芦便开始受到人们的礼遇。[30]

关于葫芦是如何创造出来的这个问题，在复活节岛的一则晦涩难懂的神话中也有体现。[31]在夏威夷的一个名为"卡哈卡罗阿和卡威罗的决斗"（the fight between Kahakaloa and Kawelo）的故事中，葫芦被用作头盔，但是不怎么成功。这两位勇士的战斗持续了一段时间，最后卡威罗被对手击倒在地。就在这个关键时刻，卡哈卡罗阿决定在杀死卡威罗之前，要先找一些食物犒劳一下自己。于是，他来到了附近一座小山的山顶，煮了一只鸡，美美地饱餐了一顿。吃完之后，他拿起空葫芦碗，戴在头上，走下山坡。卡威罗的一个朋友，名叫卡玛拉玛（Kamalama），看到这个装扮如此奇特的勇士慢慢靠近，就对卡威罗说道："一个秃头男人从山坡下来，向这边走来，他的前额闪闪发亮。"

卡哈卡罗阿回来之后，发现卡威罗已经坐在地上。随即，在场的另一位观众向卡哈卡罗阿说道："卡威罗满血复活了，因此你作为一个战士，将会被他杀掉。而我只是一个送信人，不会被杀掉。"卡威罗站起身来，准备与对手再次搏斗，而卡哈卡罗阿则摆出防守的架势。卡威罗举起木棍，狠狠地击中了对手头上的葫芦，将对手的眼睛挡住。卡哈卡罗阿还没有来得及将眼前的葫芦移开，就受到了对手的第二次重击，倒地而亡。[32]

在夏威夷的创世神话中，当新生的世界刚刚形成、万物尚未稳定的时候，天空跌落了下来，所有人都不得不在地上爬行。慢慢地，各种植物长出来了，将天空一点点地撑高。一天，一个男人出现了。一个女人从葫芦水壶里倒了些水给他，喝完之后，他便主动提出要将天空举高，推到原位。自此之后，天空就一直保持在原来的位置。[33]

在复活节岛的一则名为《坏鬼雷雷霍和好鬼玛塔玛塔皮》（The Bad Spirit Raereahou and the Good Mata-mata-pea）的传说中，坏鬼雷雷霍伪装成一个男人，将一个女孩引诱到山顶，准备在这里将她烹成美食。好鬼玛塔玛塔皮帮助她逃离了魔爪，并把她藏在一个山洞里。一位老妪发现了她，并主动将盛在葫芦里的一些甘薯送给她作为食物。就这样，这个女孩在山洞里待了一段时间，而雷雷霍则一直四处寻找她的踪迹。在雷雷霍有些疲倦的时候，女孩逃到了马塔维里（Mataveri）的一间房子里。最后，雷雷霍找到了这间房子，却被人杀掉。他的鲜血喷涌而出，化作一个贝壳。不久之后，女孩便忘记了这件事情。然而，第二年，她在海边玩耍时，发现了一个大大的贝壳。就在她弯腰捡贝壳时，一个大浪打来，将她卷入水里，永远地消失在了茫茫大海之中。[34]

黑曜石矛头（复活节岛的特有事物）的起源问题，在两个故事中都有所体现。这两个故事均表明，在使用黑曜石矛头之前，人们在模拟军事游戏中使用的是由葫芦壳片制成的矛头。在第一个故事中，有三个兄弟，他们的父亲已经去世，他们的叔叔有 20 个孩子。这三个男孩和他们的 20 个堂兄弟一起去冲浪，然后他们又一起在太阳底下暖和身子。当身体暖和了之后，几个堂兄弟建议进行一场模拟军事游戏，使用的武器就是带着由葫芦壳片制成的矛头的长矛。这一建议得到了所有人的同意。但是，这三个兄弟发现，参加模拟军事游戏的人分成了两组，一组是他们三个，另一组是他们的 20 个堂兄弟。在游戏进行了一段时间之后，堂兄弟们恼羞成怒，用石头攻击这三个兄弟，把他们赶回了家。接下来的两天，同样的一幕又上演了两次。第三次模拟军事游戏结束之后，三兄弟之中的一个不小心被一块黑曜石划破了手。于是，他对其他两个兄弟说道："明天，我们会将他们全部杀掉。"随即，他削了20个黑曜石矛头，将它们绑在木棍上，藏在了他们撤退的必经之路上。第二天，他们将20个堂兄弟一个个杀死，然后又跑到叔叔的家里，将他杀掉。[35]

汤姆森（Thomson）则讲述了另一个不同的故事，来说明黑曜石矛头的起源问题。长矛的矛头最初是由锋利的葫芦壳片临时拼凑而成的，由于战斗时效率很低，因此很少使用。有一位酋长偶然间踩到了一块黑曜石，被它划破了脚，于是就产生了对长矛进行改良的想法——用更为坚硬的黑曜石代替葫芦来制作矛头。这个新改良的武器作战效率很高，到这一新的制作材料广为人知的时候，这位酋长已率军扫荡了他们面前的所有敌人。[36]这个故事说由葫芦制成的矛头曾作为真正的武器在战场上使用过（而不仅是在进行模拟军事游戏时使用），这听上去更加不太可能。

还有一个传说，讲述了30名兄弟和另外30人每天都进行军事训练，使用的武器是仿制飞镖，其镖头是由葫芦壳片削刻而成的。[37]

在马克萨斯群岛的一则神话中，出现了另一种类型的魔法葫芦。这个神话主要讲述的是神灵托火提卡（Toho-tika）的出生和冒险的故事，托火提卡原是希瓦瓦岛（the Island of Hiva Oa，马克萨斯群岛最大的岛屿）的土著人，但是后来逃到了努库希瓦岛（the Island of Nuku Hiva）。于是，希瓦瓦岛上的人派了一位名为考帕（Kopa）的酋长去寻找他。当托火提卡得到这一消息时，为了躲避考帕，他在考帕来到之前偷偷返回了希瓦瓦岛。考帕到达之后，向一位妇女询问托火提卡的下落。只见她将一块山药放入葫芦中，再往葫芦里倒水，然后将葫芦递给了他。

在葫芦里，考帕看到了自己的家乡洒满阳光的影像，他还能够清楚地看到那个自己追寻的对象，正藏匿在托普阿（Topua），躲在一位老妇人所织的一块布的下面。于是，考帕返回希瓦瓦岛，发现眼前的景象与葫芦里的影像如出一辙。在这位老妇人的帮助下，考帕成功地抓住了恶名昭彰的托火提卡，将他装入袋子，然后提着袋子回到了自己居住的山谷。[38]

在新西兰，普特呼艾（Pu-te-hue）这个名字，有时被用来指代葫芦的化身，有时又被用来指代创造葫芦的小神灵。在一个故事中讲道，普特呼艾将葫芦送给了托伊（Toi）部落，于是他们成为葫芦的第一批拥有者。[39]

萨摩亚和汤加的传说故事中，很少会提到葫芦。如果偶然提及，葫芦通常都是以极为普通自然的面貌出现的，并没有被赋予某种魔力。一个典型的例子就是在汤加的一个传说中，提到了一个盛油的葫芦。[40]

二

波利尼西亚人和其他民族一样，也会玩翻绳（string figure or cat's cradle）游戏。在许多翻绳游戏中，游戏者在翻出新花样的过程中，会高兴地吟唱。

夏威夷的一种翻绳游戏称为"库波卢拉的水葫芦"（water gourd of Kupoloula），[41]其中的唱词讲述的是库波卢拉（尼豪岛上的一位酋长）如何偷喝肯恩神的生命之水的故事；生命之水盛放于一个葫芦里，然后被藏在一个山洞的底部，需要迎着朝阳走上6个月。另一则唱词则描述了这样一个情景——一个人顺着陡峭的山路走下悬崖，他的口中衔着一个水葫芦。[42]还有一则唱词，记录了一只裂纹鸫（the elepaio bird）和一只神鹰（io hawk）的对话：

啊，神鹰；啊，神鹰！有人用石头打中了我！这是谁的错呢？

这是我的错！我在这个人的水葫芦上啄了许多小洞。

的确是你的错。你将会在我们鸟类的法庭受到审判。[43]

在夏威夷、马克萨斯群岛和社会群岛的其他翻绳游戏唱词中，还提到了盛放山芋、鲜花和卡瓦酒的碗。它们可能是用葫芦制成的，也可能不是。[44]

波利尼西亚人的语言相当丰富，拥有许多华丽的辞藻。他们还拥有许多各种各样的谚语和谜语。遗憾的是，绝大多数没有被记录下来。不过，贾德（Judd）曾对夏威夷人的各种谚语和谜语进行了汇总并列出了一个清单，着实让人敬畏。[45]其中，葫芦被提到了多次。但是，这里没有必要将所有相关的谚语和谜语一一列出，仅举几个典型的例子。

谚语"有智慧的葫芦"（The gourd of wisdom）用来指代"一个聪明的人"。谚语"掐掉葫芦藤上的嫩芽"（nip the young shoot of the gourd vine while it is young）意为"杀死襁褓中的婴儿"。有一则谚语与前面所述的一则翻绳游戏的唱词颇为相似，内容如下：

啊，神鹰！我被一个人的石头击中。
这是谁的错？
是我的错，因为我在这个人的葫芦上啄了一个洞。

这则谚语的引申义就是"善有善报，恶有恶报"。如果有人说"带走个头大的葫芦，把个头小的留下"（Bring the large gourd, leave the small gourd），他表达的意思就是"永远挑最好的"。

一则与地名有关的谚语——"空葫芦来自哈纳毛卢"（From Hanamaulu comes the empty gourd），意为"无知的人或吝啬的人来自哈纳毛卢"。当一艘小船由于没有风而无法向前行驶时，人们可能会念诵如下的祷文，向盛着风的魔法葫芦求助："希洛（Hilo，波利尼西亚地区一位著名航海家）的风啊，你们吹到这里吧，吹到这里吧。把小葫芦扔掉，给我一个大葫芦吧。"

下面是几则谜语。"一个带盖儿的葫芦，叠着一个带盖儿的葫芦……一直到达天际。"（A gourd with a cover, a gourd with a cover till the heavens are reached）这则谜语的谜底是"竹子"，因为每一节竹子都有一个盖儿。"我那肠子特别长的小鬼"（My little man with the long bowels）的谜底是"盛放鱼线的葫芦"。"我那挂在悬崖上向一侧倾斜的葫芦"（My lopsided gourd, hanging on a cliff）的谜底是"耳朵"。

由于一些谚语或者谜语往往一语双关，因此在翻译成另一种语言时，它们本来的意义会失去一大部分甚至完全丢失。

第八章

总结与结论

通过以上各章关于葫芦用途以及神话传说的论述，我们能够很容易发现，葫芦的经济价值在各个岛群之间存在显著的差异。究其原因，一方面是生态条件，在某些地区，葫芦拥有更多的竞争者和替代者；另一方面则是土著居民的不同偏好。

我们已经提到葫芦不会生长在珊瑚岛上，因此汤加雷瓦岛、普卡普卡岛（Pukapuka）、拉卡杭阿环礁、托克劳群岛和埃利斯群岛不会引起我们的关注。在土阿莫土群岛，也没有葫芦生长，但是我们在该地收集到的几个传说中看到了葫芦的影子。芒阿雷瓦群岛也没有葫芦生长，但是在巴克收集的一则故事中，提到了葫芦——"葫芦有毒的苦味已经深深地渗了进去"。[1]

对于上述地区，因为葫芦在当地居民文化生活中的重要性非常低，所以我们对其葫芦文化不予整理。而对于其他地区，由于葫芦在其经济、宗教、音乐、传说等方面具有真正的实际价值，因此我们对其葫芦文化分别进行梳理总结。

一

汤加

葫芦在此地区的地位并不重要。就其用途而言，仅有一项关于盛油容器的记载。在神话传说中，偶尔会提到葫芦。霍内尔（Hornell）对该地的翻绳游戏有过描述，称其为伊普思欧阿塔（ipu sioata）。[2]

库克群岛

尽管葫芦在该群岛仅作为水壶使用，但这一用途相当重要。[3]有几个特殊的葫芦品种，可能为该地所独有。有时，葫芦会出现在神话传说中，但非常少见。

萨摩亚群岛

葫芦在当地的地位也较低，而竹子和椰子壳更受欢迎。仅有两种用途——盛水和盛油——有过记录。几乎没有作者提及它们，但它们在传说故事中相当引人注目。

马克萨斯群岛

有记载的用途仅有三种：两种盛器和一种防鼠板。居民更喜欢使用当地特有的各种椰子壳制作盛器，竹筒也在当地广泛使用。不过，葫芦在此也占有其一席之地，利相斯基（Lisiansky）对其家居用途做过描述。[4]尽管有记载的用途较少，但是葫芦的重要性或许不能仅用数量来进行衡量。许多作者屡次提到葫芦会被用来盛放祭品，悬挂在坟墓附近。而且，葫芦也会出现在民间故事之中。

社会群岛

葫芦在此地仅被用作水壶和其他几种类型的盛器，它们有许多替代品，尤其是木器、竹筒和椰子壳。尽管亨利认为葫芦的许多用途众所周知，[5]但是在这里没有发现葫芦的其他用途。言外之意就是，葫芦受青睐的程度无法与其他材料相比，其地位相对次要。有记载的葫芦用途仅有 5 种，不过也存在其他用途的可能。在民间故事之中，偶尔会出现葫芦的踪影。

南方群岛

与社会群岛一样，被记载的葫芦用途共 5 种，全部是作盛器之用。有一点比较有趣，值得强调一下，那就是葫芦在该地的种植和使用至少持续到 1922 年。[6]面对欧洲文明的冲击，葫芦之所以生存时间如此之久，其原因无疑就是此地位置较为偏僻，人迹罕至。没有发现葫芦出现在神话故事或传说之中。

复活节岛

该岛位于波利尼西亚地区的最东端，岛上的居民与其他地区的联系较少。岛上唯一的已知盛器就是葫芦，野生葫芦曾经在这里大量地繁殖。[7]在这个面积狭小的岛屿上，有记载的葫芦用途竟有 13 种。由于岛上居民的文化在进行深入研究之前就早已被严重破坏，再加之岛上其他可供使用的材料甚为稀少，因此葫芦的用途可能更多。没有证据表明葫芦曾经作为艺术载体，但是它们频繁地出现在神话和传说之中。

新西兰

葫芦在该地的生长，受气候的影响很大。葫芦仅在温暖的北方地区生长，而南方气候相对较冷，生活在这里的人们只能使用其他一些不太适合的材料制作盛器。与夏威夷地区不同的是，葫芦属植物的果实是新西兰居民一个重要的食物来源，被大量食用。人们使用科学的农业方法进行葫芦的培植和繁育，在种植和采摘葫芦时都会举行一定的仪式。

该地区有记录的葫芦用途共 11 种，包括作为盛器、乐器以及用于其他用途。其中，最重要的盛器就是由木腿支撑的大葫芦，在举行宴会时或者新鲜食物不是特别充足时，用来存放鸟肉。有时，葫芦碗和水壶的表面会饰有雕刻图案。在神话传说中也会提到葫芦，但并不常见。

夏威夷

不仅在前殖民时期，甚至在更久远的古代时期，葫芦在夏威夷群岛都有着重要的价值和广泛的应用。外形硕大的巨型葫芦是夏威夷独有的葫芦品种，为夏威夷的居民提供了一个容积较大的天然盛器。

夏威夷群岛的早期历史学家，均指出了葫芦的重要性和应用的广泛性。[8]这里没有陶器、金属和玻璃，而质地坚硬、轻便耐用、防水性好的葫芦外壳则正好可以弥补这一缺陷。另外，这里井非常稀少，葫芦遂成为当地广受青睐的绝佳盛器，方便人们将自然山泉水运到家里。

葫芦在当地颇受尊崇，这一点可以从 1886 年卡拉卡瓦国王（King Kalakaua）五十大寿时的生日礼物中得到体现。生日礼物包括许多葫芦花瓶、葫芦杯和葫芦碗。一则记录写道："在进献给卡拉卡瓦国王的成百上千件礼物中，有许多是年代非常久远的古董。其中，有一些是由葫芦壳制成的，其表面装饰着原汁原味的方格图案。"[9]

除了盛水容器之外，夏威夷人还需要一个足够大的储存空间，将准备好的香芋进行发酵。[10]这是夏威夷人的一种重要的食物来源，需要大量地生产。用来储存、发酵的容器，就是由巨型葫芦制成的。

在许多考古遗址中都发现了葫芦碎片。在荒无人烟的卡胡奥拉维岛上的一个神龛里，麦卡利斯特发现了盛放着祭品的葫芦残骸，还有两个保存完好的葫芦杯。[11]在无人居住的尼华岛（Nihoa Island）的两处遗迹中，埃默里发现了葫芦碎片。[12]他总结道：

> 只在尼华岛和内克岛（Necker Island）两个地方发现了大石瓮，它们可能是用于存水；人们之所以制造石瓮，唯一的原因就是这里缺少木材和葫芦。[13]

他还进一步说道：

> 在尼华岛上发现葫芦碎片，表明这里或许曾经引进、种植过葫芦。不过，在拥有葫芦的那个时期，任何能够到达这里的人，都不太可能再去制造石器。[14]

　　葫芦可以用来运输大量的水，其运水效率之高，在狄克逊船长（Captain Dixon）的记述中得到了很好的体现。他讲述了自己和波特洛克船长（Captain Portlock）分别驾驶"夏洛特女王"号（Queen Charlotte）和"乔治国王"号（King George），在欧胡岛的维艾勒伊海湾（Waialae Bay）停靠4天使用葫芦补给用水的经历。他写道："于是，人们用这种我从未见过的极为单一的方式，将两艘船的水箱装满。"[15]要补给两艘船的用水，需要数量庞大的葫芦；而要在4天之内完成这一艰巨任务，必须雇用大量的土著居民。

　　对于葫芦在夏威夷群岛的用途，我们一共发现了26种。其中，13种作为盛器（4种用来盛放液体，9种用来盛放干燥的物品），5种作为乐器，8种为其他各类用途。我认为，除此之外，葫芦应该还会存在许多其他用途，只不过都已无据可查。通过对一些盛器的表面进行装饰，葫芦与木器、树皮布、编织品、羽毛制品一起，成为夏威夷人重要的艺术载体。葫芦在宗教仪式中的应用较为广泛，也会屡屡出现在神话故事中，本书对此仅做了简要的介绍。葫芦是人们日常生活中一种重要的盛器，是一种重要的艺术载体，是神话传说中的一个重要角色，这一切都彰显了葫芦在夏威夷文化中具有举足轻重的地位。

二

从经济意义上来说，葫芦是波利尼西亚地区最重要的作物之一，这是显而易见的。另一个明显的现象是，葫芦在某些地区的重要性要远远大于其他地区。通过对各种证据进行总结，我们发现葫芦在波利尼西亚边缘地区的价值最大，尤其是在夏威夷群岛、新西兰和复活节岛。在波利尼西亚中部地区（社会群岛、库克群岛、南方群岛和马克萨斯群岛），葫芦的用途较少。同样，在波利尼西亚的西部地区（萨摩亚和汤加），葫芦的重要性相对较低。在所有地区中，葫芦在夏威夷群岛的重要性最为突出。

作为一种艺术载体，葫芦仅用于夏威夷和新西兰两个地区。而且，也只有在这两个地区，葫芦的表面被套上编织品，以起到加固的作用。

除了各种各样的葫芦制品之外，葫芦的价值还体现在以下诸多方面：医药价值；文学创作灵感的来源；巫术中的应用；创世神话和其他神话中的重要角色。另外，在当地的传说、故事和翻绳游戏的唱词中，也屡屡出现葫芦的身影。

在葫芦播种、培育和采摘的过程中，会伴有一些相应的祈祷仪式。

　　将葫芦这一重要的作物引进到南美洲的，可能就是波利尼西亚人。葫芦被引入南美洲之后，不仅对于土著居民，而且对于欧洲移民，都具有重要的经济价值。

　　葫芦作为波利尼西亚地区的一种重要的文化因素，在经历了较长的繁荣时期之后，已经退出历史舞台。除了收藏在博物馆的一些标本之外，人们再也见不到呼拉鼓、情人哨和尼豪葫芦了。毛利人再也不会将鸽子肉储存在大葫芦里，宴会上也不能再吃上美味可口的烤鸽了。时光荏苒，岁月如梭。古代原始居民那曾经活生生的文化，早已渐行渐远，已然从一个个具体的事物，化为了一幅幅悠长久远的历史图景。

｜注　释｜

所有文献的完整信息都显示在参考文献中，在注释中并没有出现。在许多时候，一位作者的被引文献不止一部，于是在该作者名字之后会标识文献的出版时间。有时，一位作者在一年内可能会出版多部著作，因而在出版时间之后会加上一个字母以进行区分，如"Best（1925c）"。如果一部文献有多卷，会将卷册号列于出版日期之后，而页码则显示在最后。

第一章

[1] Dixon(1932, 1934).

[2] Te Rangi Hiroa(1938b), 104 – 106.

[3] Burrows(1938).

[4] Handy(1927).

第二章

[1] Brigham(1908), 139.

[2] Wilder, 103.

[3] Handy(1940), 207.

[4] Hillebrand.

[5] Compare the statements by Stubbs, 34; Brigham(1908), 137 or 8; Bryan (1915), 61, 209; Bishop Museum Handbook, 31; Bryan(1938), 23, etc.

[6] 我与夏威夷大学哈罗德·圣·约翰博士(Dr. Harold St. John)的私人信件参见 Handy(1940), 207。

[7] Handy(1940), 207 – 208.

[8] Roberts, 52.

[9] Fornander and Thrum, Ⅲ, 168.

[10] Compare the statements of Malo, 161; Bryan(1915), 61, 209; Stubbs, 34; Brigham (1908), 137, 139, 141; Roberts, 52. 希望有朝一日，植物学家能够对太平洋地区的这一物种进行深入研究。

[11] 例如，参见 Bishop(1916), 37; Bryan(1915), 59; Brown(1931), 124。

[12] Handy(1940), 208 – 211; Best(1925b), 129 – 134.

[13] Handy(1940), 211.

[14] Ibid. , 209.

[15] Ibid.

[16] Ibid. ; Roberts, 52.

[17] Handy(1940) , 209.

[18] Fornander & Thrum, Ⅲ, 166 – 168; Roberts, 52; Handy(1940) , 208, 210.

[19] Cook(1785) , Ⅲ, 150.

[20] Handy(1940) , 210.

[21] Ibid. , 209.

[22] Best(1925b) , 69.

[23] Ibid. , 130.

[24] Ibid.

[25] Ibid. , 132.

[26] Ibid. , 133.

[27] Ibid. , 131.

[28] Ibid. , 129 for native text.

[29] Ibid. , 133 for native text.

[30] Ibid. , 130.

[31] Ibid. , 131.

[32] Ibid. , 133.

[33] Ibid. , 132.

[34] Ibid. , 131.

[35] Ibid. , 133.

[36] Ibid.

[37] Ibid.

[38] Ibid. , 131.

[39] Métraux, 157.

[40] LaPerouse, I, 73, 78.

[41] Gonzalez, 123; Cook(1777) , I, 288.

[42] Handy(1940) , 210.

[43] Bryan(1915) , 61; Malo, 161.

[44] Handy(1940) , 210.

[45] Bryan(1915) , 61.

[46] Malo, 162.

[47] Best(1925b) , 131.

[48] Beaglehole(1940) , 57; Andersen(1928) , 89.

[49] Best(1925b) , 130.

[50] Bryan(1915) , 79; Stubbs, 34; Bishop Handbook, 61; Handy, Pukui, and Livermore, 15 – 16.

第三章

[1] Speck(1940a) , 10.

[2] Brigham(1908) , 137.

[3] Lagenaria vulgaris 的夏威夷名字为伊普。葫芦盛器和木制盛器一样，也被称为伊普，参见附录中的本土名

称列表。

[4] Best(1924) , I, 424.

[5] Handy(1923) , 66; Linton, 293.

[6] Linton, 355.

[7] Ibid. , 357.

[8] Ibid.

[9] Métraux, 157.

[10] Ibid.

[11] Aitken, 38.

[12] Bishop(1916) , 15.

[13] Bishop, Handbook, 31; Brigham (1908) , 142; Bryan (1938) , 24.

[14] Bishop, Handbook, 31; Brigham(1906) , 63.

[15] Ellis(1827) , 376.

[16] Bishop(1940) , 14; Bryan(1938) , 23; Bishop Handbook, 31; Bishop(1916) , 15.

[17] Bryan(1938) , 23; Brigham(1906) , 19.

[18] Stokes(1906) , 148.

[19] Bishop Handbook, 31; Stokes(1906) , 148.

[20] Bishop, Handbook, 31.

[21]塞勒姆市皮博迪博物馆标本的编号和接收时间如下所示：E5, 312, Before 1821; E5, 313, before 1860; E22, 025; E5, 311, 1803; E5, 343, 1803; E19, 623, Goodale Col-

lection; E5, 310, 1849; E18, 650, 1843。

[22] 编号、来源和入馆时间如下所示：37, 669, 1885; 37, 670, 1885; D – 2714; 312, Massachusetts Historical Society, 1857; 48, 438, American Antiquarian Society, 1895; 1254, Boston Marine Society, 1869; D – 2940; D – 2938; 53, 569, Boston Museum, 1899. 由于哈佛大学的许多标本是由其他机构捐赠的，因此接收时间要比塞勒姆市博物馆晚一些。标本在捐给哈佛大学之前，究竟在这些机构里保留了多长时间，这一点没有办法确定。

[23] Mrs. Bishop's number 70. See Bishop(1940), 84.

[24] Brigham(1908), 141.

[25] Emerson(1906) MSS Cat.

[26] 编号 E11, 955；高 9 英寸，直径 6 英寸。

[27] Bishop(1940), 83 – 84, Nos. 69, 321. 编号 69，高 8. 25 英寸，直径 5 英寸；编号 321，高 9. 5 英寸，直径 6. 25 英寸。

[28] Bishop(1940), 84.

[29] Stokes, (1906), 148, 他说，用来拴系葫芦的绳子具体叫什么名字，他没有能够得到。他还补充道，由于五个标本中，只有编号为 3877 和 3880 的两个标本的绳子极为相似，所以可能在系绳子的时候，每个人都是按照自己的个人喜好来进行的。

[30] Best, I, 396.

[31] Hamilton, 405.

[32] Te Rangi Hiroa(1927) , 73.

[33] Best(1924b) , I, 424.

[34] Handy(1923) , 66.

[35] Linton, 355.

[36] Handy(1923) , 121.

[37] Thomson, 456; Cooke, 105.

[38] Métraux, 157.

[39] Thomson, 535.

[40] Henry(1928) , 551.

[41] Ellis(1831) , I, 191.

[42] Te Rangi Hiroa(1927) , 48.

[43] Ibid.

[44] Aitken, 107.

[45] Ibid. , pl. V.

[46] Bishop(1940) , 83.

[47] Salem catalogue number 315 （塞勒姆市博物馆，编号 315）。

[48] Harvard catalogue number 315 （哈佛大学博物馆，编号 315）。

[49] McAllister(1933b) , 40.

[50] Te Rangi Hiroa(1927) , 73.

[51] Christian, 85.

[52] Brown(1931) , 124.

[53] Métraux, 195, fig. 15d. 毕晓普博物馆中的标本编号为 B3567。

[54] Henry, 63.

[55] Ibid. , 609.

[56] Te Rangi Hiroa(1930) , 105.

[57] Collocott, 19.

[58] Best(1925b) , 130, 132.

[59] Bishop(1940) , 9; Malo, 161.

[60] Fornander and Thrum, Ⅲ, 170.

[61] Bishop Handbook, 31.

[62] Bryan(1938) , 23.

[63] Bishop(1940) , 14, 84.

[64] Lawrence, 44 – 46.

[65] Stubbs, 34.

[66] Malo, 110.

[67] Beckwith(1932) , 150; native text, 151.

[68] Malo, 84.

[69] Ibid. , 91, 95.

[70] 编号、日期以及其他重要信息如下：Harvard specimens D – 2930; 37, 647, Island of Oahu, 1884; 37, 666, Island of Oahu, 1884; 37, 667, Island of Oahu, 1884; 50, 763, American Antiquarian Society, 1890; Salem speci-

mens E19, 629; E16, 846; E21, 327; Mrs. Bishop's speci-

mens 46, 71, 73. See Bishop(1940) , 83 – 84.

[71] 参见第六章葫芦编织品部分。

[72] 在第三章葫芦箱部分有描述。

[73] Dalton, Pl. XVL, 7; 244.

[74] Phillipps, no p. number.

[75] Handy(1923) , 66; Linton, 293, 355.

[76] Linton, 357.

[77] Ibid.

[78] Ibid. , 358.

[79] Melville, 132.

[80] Métraux, 157.

[81] Henry, 245.

[82] Ibid. , 621.

[83] Ibid. , 625.

[84] Aitken, 38.

[85] Ibid.

[86] Brigham(1908) , 140.

[87] Malo, 110.

[88] Aitken, 38.

[89] Te Rangi Hiroa(1927) , 73.

[90] Andersen(n. d.) , 77.

[91] Te Rangi Hiroa(1927) , 73.

[92] Op. cit. , 77.

[93] Best(1925b) , 131.

[94] Aitken, 40.

[95] Bishop Handbook, 31; Also Lawrence, 44 – 46.

[96] Craft, opp. 101.

[97] Lawrence, 76.

[98] Bryan(1938) , 23.

[99] Métraux(1940) , 156.

[100] Bishop Handbook, 31.

[101] Brigham(1908) , 141.

[102] Brigham(1908) , 140 – 141; Bishop Handbook, 31.

[103] Fornander and Thrum, I, 278.

[104] Routledge, 218; Métraux, 225.

[105] Stokes(1906) , 148 – 149; Bryan (1938) , 23; Lawrence, 76.

[106] Bishop Handbook, 70.

[107] Emerson MSS, in the Peabody Museum of Salem.

[108] Malo, 277.

[109] Métraux, 236 – 237.

[110] Ibid. , 237.

[111] Thomson, 535.

[112] Routledge, 265.

[113] McAllister(1932b) , Pl. 5, b; 37 – 40.

[114] Bishop(1940) , 11.

[115] Brigham(1908) , 140.

[116] Fornander and Thrum, Ⅲ , 170.

第四章

[1] Roberts, 55.

[2] Bryan(1938) , 55.

[3] Op. cit.

[4] Bishop(1940) , 105.

[5] Emerson(1909) , 144.

[6] Barrot, 33 – 34; Roberts, 55.

[7] Cook and King(1785) , Plate 62.

[8] Emerson (1909) , 107 – 144; Roberts, 55 – 56, 366; Bishop(1940) , 59.

[9] Bishop Handbook, fig. 40.

[10] Emerson(1909) , 107.

[11] Roberts, 237 – 260; Emerson(1909) , 108 – 112.

[12] Emerson(1909) , 107.

[13] Bishop(1940) , 105; Emerson(1909) , Plate Ⅵ.

[14] Emerson(1909) , 107.

[15] Roberts, 55 – 56, 366.

[16] Dodge, 156.

[17] Roberts, 55.

[18] Ibid. , 55 – 56; Bishop(1940), 59 – 60.

[19] Roberts, 366.

[20] 亚历山大将这种乐器称为火科欧，但是我没有找到关于这个名字的其他权威资料。而弗南多和特拉姆将盛放衣服的长葫芦称为火科欧。

[21] Emerson(1909), 142 – 143; Roberts, 51 – 53; Bryan(1938), 23, 55; Winne, 204; Blackman, 20.

[22] Bryan(1915), 82.

[23] Roberts, 51.

[24] Roberts, 51.

[25] Bishop Handbook, 46; Roberts, 51 – 52; See Chapter Ⅵ, Decoration.

[26] Roberts, 52; Emerson(1909), 142; Bishop(1940), 57 – 58; Bryan(1915, 82).

[27] Roberts, 52; Ibid. , 255 ff.

[28] Emerson(1909), 142.

[29] Roberts, 360 – 362; Stubbs, 34. 这些葫芦在日常生活中用来当作盛器，而较长一点的、表面覆盖着鲨鱼皮的葫芦则作为鼓来使用。关于夏威夷群岛上覆有面皮的葫芦鼓，我发现的唯一资料，就是上述这一特殊的资料。我认为，作者肯定是将呼拉鼓与覆盖着鲨鱼皮的大木鼓混淆了。

[30] Routledge, 240.

[31] Métraux, 356.

[32] Métraux, 356.

[33] This is the name used by Roberts, 44; Bishop(1940), 55; Bryan(1938), 55 and other modern authorities. Alexander, 91; Bryan(1915), 83; and Dalton(1897) 230 all give the name incompletely as kio-kio or kio kio. Morris, 48 gives Hano or Kio Kio（罗伯茨、毕晓普、布赖恩以及其他现代权威机构使用这个名字。亚历山大、布赖恩和道尔顿之前使用的是不完整的名字——基欧基欧）。

[34] Bishop Handbook, 51.

[35] Bryan(1915), 83.

[36] Emerson(1909), 146.

[37] Roberts, 44.

[38] Ibid., 44.

[39] Roberts, 348 – 349.

[40] Speck, 44 – 46.

[41] J. S. 爱默生曾在夏威夷居住，他是一位著名的民族学资料方面的收藏家和商人。

[42] Edge-Partington, 35; Andersen(1934).

[43] Op. cit., 19, nos. 4, 5; Best(1925a), 159.

[44] Op. cit., 295, A &B.

[45] Hamilton, 391.

[46] Edge-Partington, 386, No. 7; Andersen(1934), 295.

[47] Best(1924b) , Ⅱ , 160; Hamilton, 391.

[48] Hamilton, 391; Best (1924b) , Ⅱ , 160; Anderson (1934) , 294 – 296.

[49] Op. cit. , Tregear(1904) , 65.

[50] Op. cit. , 294.

[51] Ibid. , 296.

[52] 柯奥奥是一种乐器的名字，该乐器是由骨头或木头制成的又短又直的笛子，用嘴吹奏。

[53] Best(1925a) , 147.

[54] Best(1925a) , 158 – 160.

[55] Hamilton, 391.

[56] Andersen(1934) , 294 – 296.

[57] Best(1925b) , Ⅱ , 160.

[58] Best(1925a) , 158.

[59] Roberts, 44, 359, pl. Ⅲ , A.

[60] Edge-Partington, 60.

[61] Bishop Handbook, 51.

[62] Edge-Partington, 35, No. 1; Andersen (1934) , 296; Best(1925a) , 159.

[63] Roberts, 359; Best(1925a) , 159.

第五章

[1] G. K. Spence, "The Sacred Calabash", Touring Top-

ics, vol. 25, No. 5, 14 – 15, 38.

[2] Rodman(1927), 867 – 872; Rodman(1928), 75 – 85; Stokes(1928), 85 – 57; Hiroa(1926), 193 – 194.

[3] Best(1925a), 89.

[4] Ibid. , 88.

[5] Best(1925a), 89.

[6] Ibid. , 88.

[7] Ibid.

[8] Catalogue number 37,650, Harvard （编号 37, 650; 哈佛大学）.

[9] 我与蒂·兰奇·希罗亚（Te Rangi Hiroa）的私人信件。

[10] Hamilton, 430.

[11] Catalogue number E19,621, Salem （编号 E19, 621; 塞勒姆）。

[12] Brigham(1908), 146.

[13] Malo, 284 – 286.

[14] Fornander and Thrum, III, 192, 194.

[15] Emory(1933), 152; Bishop(1940), 50 – 51.

[16] Fornander and Thrum, 192.

[17] Catalogue number E19,627.

[18] Edge-Partington, 60, No. 14.

[19] Edge-Partington, 35, No. 1.

[20] Métraux, 149.

[21] Métraux, 353.

[22] Speck(1941a) , 40.

[23] Malo, 306.

[24] Best(1925b) , 130.

[25] Handy(1940) , 211.

[26] Fornander and Thrum, 186.

[27] Bishop Handbook, 70; Brigham(1908) , 146.

[28] Mc-Allister(1933b) , 40.

[29] Thomson, 535.

[30] Handy, Pukui and Livermore, 15 – 16; Bishop Hand-book, 61, 65; Brigham(1908) , 146.

[31] Bishop Handbook, 63.

[32] Brigham(1908) , 142 – 143; Bryan(1938) , 23.

[33] Bishop Handbook, 63.

[34] Brigham(1908) , 143.

[35] Speck(1941a) , 31.

[36] Brigham(1908) , 144.

[37] Lawrence, 44 – 46.

[38] Speck(1941b) , 676 – 678.

[39] Best(1925b) , 132.

[40] Cook and King(1785) , album, plates 65 and 66.

[41] Edge-Partington, 54, No. 4.

[42] Bishop(1940), 39.

[43] Bryan(1938), 44.

[44] Jarvis, 74 – 75.

[45] 对新西兰克莱斯特彻奇市坎特伯雷博物馆（the Canterbury Museum, Christchurch, N. Z.）的罗杰·达夫先生（Mr. Roger Duff）深表感谢。

[46] Tregear(1904), 266.

[47] Robley, 58.

[48] Ibid. , 60.

[49] Andersen(n. d.), 352.

[50] Brigham(1908), 146.

[51] Linton, 294.

[52] Fornander and Thrum, 168.

[53] Thomson, 535.

[54] Métraux, 393.

[55] Thomson, I , 75.

第六章

[1] 毕晓普博物馆的肯尼思·P. 埃默里提供了夏威夷葫芦装饰方法方面的信息，对此深表感谢。

[2] Ellis(1827), 377.

[3] Brigham(1908), 145; Bishop Handbook, 31.

[4] Bennett, 84 – 85.

[5] Bryan(1915) , 209.

[6] Emory, personal correspondence, Nov. 6, 1941.

[7] Ibid. , Nov. 6, 25, 1941.

[8] Fornander and Thrum, Ⅲ, 168.

[9] Emory, personal correspondence, Nov. 6, 1941.

[10] Grener, 47.

[11] Emory, personal correspondence, Oct. 8, 1941.

[12] Grener, 47.

[13] Grener, 47 – 49.

[14] Ibid. , 49, Pl. XXI.

[15] Phillipps.

[16] Ibid.

[17] Stokes(1906) .

[18] Linton, 357 – 358.

[19] Brigham (1906) , 63; Bishop Handbook, 65; Bishop (1940) , 14 – 15.

[20] Brigham(1906) , 64.

[21] Bishop Handbook, 63.

第七章

[1] Malo, 121 – 122; Handy (1933) , 59 – 60; Beckwith

(1940), 33.

[2] Ibid. , 119 – 123; Handy(1927), 219.

[3] Henry, 345.

[4] Handy, 398.

[5] Ibid. , 448.

[6] Handy(1927), 173.

[7] Ibid. , 184.

[8] Ibid. , 235.

[9] Malo, 135 – 139.

[10] Handy(1927), 165.

[11] Handy(1927), 226 – 227.

[12] Alexander, 72 – 75; Handy(1927), 237.

[13] Beckwith(1932), 120; native text, 121.

[14] Handy(1927), 68.

[15] Beckwith(1932), 38; native text, 39.

[16] Henry, 197.

[17] Beckwith(1932), 142; native text, 143.

[18] Andrews, 392.

[19] Henry, 620.

[20] Andersen(n. d.), 12.

[21] Ibid. , 294.

[22] Fornander and Thrum, III, 72; Rice, 73; Thrum, 63; Westervelt(1910), 114 – 118; Westervelt(1915), 59 – 60; Dix-

on, 55; Beckwith(1940), 86 – 97; Andersen(1928), 54.

[23] Fornander and Thrum, I, 310 – 318.

[24] Ibid. , 310, 318.

[25] Ibid. , 316, 318.

[26] Beckwith(1940), 194 – 198.

[27] Henry, 526.

[28] Henry, 528.

[29] Henry, 581.

[30] Beckwith(1940), 99.

[31] Métraux, 321.

[32] Fornander and Thrum, Ⅱ, 50; Rice, 63.

[33] Fornander and Thrum, Ⅲ, 351 – 352.

[34] Métraux, 368 – 369.

[35] Ibid. , 376.

[36] Thomson, 532.

[37] Métraux, 378.

[38] Handy(1930), 109.

[39] Best(1925c), I, 782 – 785.

[40] Collocott, 19.

[41] Dickey, 35 – 36, 39.

[42] Fornander and Thrum, Ⅲ, 212.

[43] Dickey, 41.

[44] Dickey, 142 – 143; Handy(1925), 6, 7, 30, 71.

[45] Judd. 下面所有谚语和谜语都来源于这本书。提到葫芦相关的谚语和谜语的编号如下：谚语 157, 169, 226, 254, 276, 289, 384, 556, 615, 663, 741, 756; 谜语 30, 40, 67, 115, 149, 180, 225, 226, 227。

第八章

[1] Hiroa(1938), 75.

[2] Hornell, 64 – 65.

[3] Te Rangi Hiroa(1927), 48.

[4] Lisiansky, 72, 126.

[5] Henry, 63.

[6] Aitken, 14.

[7] Métraux, 157.

[8] Alexander, 83; Malo, 44; Jarvis, 74 – 75.

[9] Anonymous, 151.

[10] Brigham(1908), 137.

[11] McAllister(1933b), 38.

[12] Emory(1928), 35.

[13] Ibid., 47.

[14] Ibid., 114.

[15] Dixon(1789), 53.

│ 附　录 │

　　众所周知，如果某一植物或动物在一种具体民族文化中的地位越重要，那么在该民族语言中，与这一事物相关的名字和词语就越多。下面的表格列举了许多波利尼西亚地区与葫芦有关的名字，其目的不是对这些词语进行比较，而是旨在展示葫芦在该地区文化中的重要地位。列表并没有穷尽所有与葫芦相关的名字，仅列举了本书参考文献中出现的词语。

　　对于没有接触过波利尼西亚语言的人来说，若想要拼读这些本土名字，可以采用以下方法：所有辅音的发音类似于英语中的辅音发音；在绝大多数情况下，元音的发音则遵循如下规则：a 的发音接近于英文单词 "father" 中的字母 "a"，e 的发音接近于英文单词 "may" 中的字母 "a"，i 的发音接近于英文单词 "we" 中的字母 "e"，o 的发音接近于英文单词 "old" 中的字母 "o"，u 的发音接近于英文单词 "moo" 中的字母 "oo"。

南方群岛

本地名字	指代意义	文献来源
米提呼艾（miti hue）	盛放酱汁生鱼的葫芦	Aitken, 1930, 40.

库克群岛

本地名字	指代意义	文献来源
呼艾卡瓦（hue kava）	葫芦（艾图塔基岛）	Te Rangi Hiroa, 1927, 48.
塔哈（taha）	葫芦水壶	Te Rangi Hiroa, 1927, 48.
乌艾（'ue）	葫芦（拉罗汤加岛）	Brown, 1935, 319.

复活节岛

本地名字	指代意义	文献来源
呼艾（hue）	葫芦	Métraux, 1940, 157.
黑普（hipu）	葫芦盛器	Métraux, 1940, 157.
卡哈（kaha）	盛放构树皮或土豆的葫芦	Métraux, 1940, 157.
基罗托基特伊普（ki roto ki te ipu）	盛放人体彩绘染料的葫芦	Métraux, 1940, 237.
帕卡哈拉（pakahara）	壳，尤指葫芦壳	Métraux, 1940, 157.

夏威夷群岛

本地名字	指代意义	文献来源
阿努阿努（anoano）	葫芦种子	Handy, 1940, 207.

续表

本地名字	指代意义	文献来源
基罗托基特伊普 （ki roto ki te ipu）	盛放人体彩绘染料的葫芦	Métraux, 1940, 237.
黑奈波艾波艾 （hinai poepoe）	用篮子包裹的葫芦	Brigham, 1906, 64 ff.
火科欧（hokeo）	存放衣服的长葫芦	Fornander and Thrum, Ⅲ, 168.
火雷（holei）	彩色葫芦	Handy, 1940, 208.
呼阿伊普（hua ipu）	葫芦	Handy, 1940, 207.
呼艾瓦伊（huewai）	葫芦水壶	Bishop Handbook, 32.
呼艾帕维诃 （huewai pawehe）	有装饰的葫芦水壶	Brigham, 1908, 144.
呼艾普阿利 （huewai puali）	沙漏形葫芦水壶	Handy, 1940, 208.
呼利劳（huli lau）	盛放衣服的大葫芦	Handy, 1940, 208.
呼利劳（hulilau）	苦葫芦	Fornander and Thrum, Ⅲ, 170.
伊欧（io）	直径大约 1 英寸的圆形浅色葫芦	Handy, 1940, 208.
伊普（ipu）	葫芦	Brigham, 1908, 137.
伊普阿火（ipu aho）	盛放渔具的葫芦	Stokes, 1906, 148.
伊普阿伊（ipu ai）	盛放食物的葫芦	Handy, 1940, 208.
伊普阿瓦阿瓦 （ipu awaawa）	苦葫芦	Handy, 1940, 207.
伊普火科欧 （ipu hokeo）	盛放衣服的葫芦箱	Bryan, 1938, 23.

本地名字	指代意义	文献来源
伊普火基欧基欧 （ipu hokiokio）	葫芦哨	Roberts, 1926, 44.
伊普火罗火罗那 （ipu holoholona）	盛放渔具的葫芦	Stokes, 1906, 148.
伊普呼拉（ipu hula）	葫芦鼓	Bryan, 1938, 23.
伊普卡伊（ipu kai）	盛鱼的葫芦碗	Handy, 1940, 208.
伊普卡艾欧 （ipu ka eo）	盛满食物的葫芦碗	Malo, 1903, 91, 95.
伊普雷（ipu lei）	盛放渔具的葫芦	Stokes, 1906, 148.
伊普雷（ipu lei）	保存花朵项链的 葫芦	Handy, 1940, 208.
伊普玛娜罗 （ipu manalo）	甜葫芦	Handy, 1940, 207.
伊普努伊（ipu nui）	大葫芦	Brigham, 1908, 137.
伊普帕维诃 （ipu pawehe）	表面有装饰的葫 芦碗	Bishop, 1940, 14.
伊普波呼艾 （ipu pohue）	未装饰的葫芦	
伊普瓦伊（ipu wai）	葫芦水壶	Bryan, 1938, 23.
伊维（iwi）	葫芦壳	Handy, 1940, 207.
卡（ka）	葫芦藤	Handy, 1940, 207.
卡库（kaku）	苦葫芦	Fornander and Thrum, Ⅲ, 170.
卡玛努玛努 （kamanomano）	苦葫芦	Fornander and Thrum, Ⅲ, 170.

续表

本地名字	指代意义	文献来源
基卢（kilu）	投掷比赛游戏中的用具	Bishop, 1940, 50.
考呼（kohu）或基卢（kilu）	盛鱼的容器	Handy, 1940, 208.
库卡艾伊瓦（kukae iwa）	表面有白色斑点的绿葫芦	Handy, 1940, 207.
拉哈（laha）	表面绘有图案的葫芦	Handy, 1940, 207.
姆阿（mua）	颈部狭窄的圆形葫芦	Handy, 1940, 208.
诺乌诺乌（nounou）	体形极小的葫芦	Handy, 1940, 208.
欧罗（olo）	长葫芦	Handy, 1940, 207.
欧莫（omo）	苦葫芦	Fornander and Thrum, Ⅲ, 170.
欧罗瓦伊（olowai）	独木舟上的葫芦水壶	Stokes, 1906, 114.
帕呼阿火（pahu aho）	盛放渔具的葫芦	Stokes, 1906, 148.
帕卡（paka）	苦葫芦	Fornander and Thrum, Ⅲ, 170.
帕拉阿伊（palaai）	南瓜形状的葫芦	Handy, 1940, 207.
皮考（piko）	苦葫芦	Fornander and Thrum, Ⅲ, 170.
皮考（piko）	葫芦的顶端	Handy, 1940, 207.
普利乌利乌（pu liʻ uli uʻ）	椰子大小的葫芦	Handy, 1940, 208.

续表

本地名字	指代意义	文献来源
波呼艾（pohue）	盛放鱼饵的葫芦	Fornander and Thrum, III, 186.
波呼艾（pohue）	一块葫芦碎片	Tregear, 1891, 91.
乌利利（ulili）	旋转拨浪鼓	Roberts, 1926, 55.
乌利乌利（uliuli）	拨浪鼓	Roberts, 1926, 54.
乌莫科卡艾欧（umeke ka eo）	盛满食物的葫芦	Malo, 1903, 91, 95.
乌莫科帕帕欧勒（umeke papa ole）	未成熟的葫芦	Malo, 1903, 91, 95.
乌莫科帕维诃（umeke pawehe）	装饰精美的葫芦碗	Bishop Handbook, 33.
乌米乌米（umiumi）	葫芦须	Handy, 1940, 207.

芒阿雷瓦群岛

本地名字	指代意义	文献来源
呼艾（hue）	葫芦	Tregear, 1891, 91.
伊普（ipu）	葫芦	Tregear, 1891, 107.
乌诃（uhe）	挂在藤蔓上的葫芦	Tregear, 1891, 91.

马克萨斯群岛

本地名字	指代意义	文献来源
呼艾（hue）	葫芦（努库希瓦岛除外）	Brown, 1935, 319.
呼艾（hue）	开口较大的葫芦盛器	Nuttall, correspondence.

续表

本地名字	指代意义	文献来源
呼艾卡伊（hue）	可食用的南瓜	Nuttall, correspondence.
呼艾毛伊（hue maʼoi）	葫芦（努库希瓦岛）	Brown, 1935, 319.
呼艾发伊（hue vai）	葫芦水壶	Nuttall, correspondence.
伊普（ipu）	开口较小的葫芦盛器	Nuttall, correspondence.
伊普阿艾黑（ipu aʼehi）	椰子壳盛器	Nuttall, correspondence.
伊普呼艾（ipu hue）	水杯	Nuttall, correspondence.

新西兰

本地名字	指代意义	文献来源
呼艾（hue）	葫芦	Brown, 1935, 319.
呼艾考图（hue kaupeka）	茎部弯曲的葫芦	Best, 1925b, 133.
呼艾莫利（hue mori）	从藤蔓上采摘下来的葫芦	Best, 1925b, 131.
伊普（ipu）	盛放食物或水的葫芦容器	Best, 1925b, 132.
伊普瓦卡伊罗（ipu-whakairo）	酋长盛放食物的葫芦容器	Phillipps, 1938.
卡哈卡（kahaka）	盛放食物或水的葫芦容器	Best, 1925b, 132.
卡拉卡（karaka）	葫芦碗	Best, 1925b, 132.
卡瑞哈（karaka）	广口的葫芦碗	Andersen, 1942, 375.
卡瓦伊（kawai）	葫芦藤的嫩芽	Best, 1925b, 132.

本地名字	指代意义	文献来源
基阿卡（kiaka）	盛放食物或水的葫芦容器	Best, 1925b, 132.
基阿托（kiato）	盛水的葫芦容器	Best, 1925b, 131.
基米（kimi）	盛放食物或水的葫芦容器	Best, 1925b, 132.
基娜（kina）	扁状葫芦	Best, 1925b, 131.
考阿卡（koaka）	盛放食物或水的葫芦容器	Best, 1925b, 132.
考基（koki）	从欧洲引进的小葫芦	Best, 1925b, 131.
考塔瓦（kotawa）	可以食用的嫩葫芦	Best, 1925b, 132.
考温艾温艾（kowenewene）	葫芦（北岛东海岸地区）	Best, 1925b, 129.
玛汉嘎（mahanga）	保存鸟肉的哑铃状葫芦盛器	Best, 1925b, 131.
玛努卡罗阿（manuka-roa）	制作碗的葫芦（普伦蒂湾地区，Bay of Plenty District）	Best, 1925b, 131.
欧考（oko）	葫芦碗	Best, 1925b, 131.
帕哈卡（pahaka）	盛放食物或水的葫芦容器	Best, 1925b, 132.
帕帕帕（papapa）	盛放食物或水的葫芦容器	Best, 1925b, 132.
帕勒塔拉基黑（pare-tarakihi）	大葫芦	Best, 1925b, 131.
波塔卡呼艾（potaka hue）	葫芦陀螺	Best, 1925a, 89.

续表

本地名字	指代意义	文献来源
普阿乌（puau）	外壳较厚的葫芦	Best, 1925b, 131.
利帕（ripa）	葫芦碗	Best, 1942, 327.
塔哈（taha）	盛放食物或水的葫芦容器	Best, 1925b, 132.
塔哈呼阿呼阿（taha huahua）	保存鸟肉的大葫芦盛器	Best, 1925b, 131.
塔诃（tahe）	盛放食物或水的葫芦容器	Best, 1925b, 132.
塔塔拉（tatara）	盛放食物的葫芦容器	Best, 1925b, 131.
塔哈瓦伊（taha wai）	盛放水的葫芦容器	Best, 1925b, 131.
塔乌哈（tawha）	盛放食物或水的葫芦容器	Best, 1925b, 132.
瓦伊（wai）	盛放食物或水的葫芦容器	Best, 1925b, 132.
温艾温艾（wenewene）	葫芦（北岛东海岸地区）	Best, 1925b, 129.
瓦卡哈乌玛图阿（whakahau-matua）	大葫芦	Best, 1925b, 131.

萨摩亚群岛

本地名字	指代意义	文献来源
芳鼓（fangu）	盛放椰子油的葫芦	Te Rangi Hiroa, 1930, 105.
弗艾（fue）	葫芦	Best, 1925b, 129.

社会群岛

本地名字	指代意义	文献来源
呼艾阿艾勒（hueaere）	长满叶子、没有结果的葫芦藤	Tregear, 1891, 390.
呼艾发发鲁（hue fafaru）	盛放生鱼的葫芦容器	Henry, 1928, 245.
呼艾呼艾（huehue）	小葫芦	Tregear, 1891, 390.

汤加群岛

本地名字	指代意义	文献来源
芳鼓（fangu）	盛放椰子油的葫芦	Collocot, 1928, 19.

土阿莫土群岛

本地名字	指代意义	文献来源
呼艾（hue）	葫芦	Brown, 1935, 319.

参考文献

Aitken, Robert T. , "Ethnology of Tubuai", *Bernice P. Bishop Museum Bulletin* 70(Honolulu, 1930) .

Alexander, W. D. , *A Brief History of the Hawaiian People* (New York, 1891) .

Andersen, Johannes C. , *Maori life in Ao-tea* (Wellington, n. d.) .

Andersen, Johannes C. , *Myths and Legends of the Polynesians*(London, 1928) .

Andersen, Johannes C. , "Maori Music with Its Polynesian Background", *Memoir No. 10 of the Polynesian Society* (New Plymouth, N. Z. , 1934) .

Andersen, Johannes C. , "Maori Place Names", *Memoir No. 20 of the Polynesian Society* (Wellington, N. Z. , 1942) .

Andrews, Lorrin, *A Dictionary of the Hawaiian Language*

(Honolulu, 1865).

Anonymous, "Hawaiian Calabashes", *The Hawaiian Annual* 1902(Honolulu, 1901).

Barrot, Adolphe, "Visit of the French Sloop of War Bonite, to the Sandwich Islands, in 1836", translate for *The Friend*, 8, 5(Honolulu, May 1, 1850).

Beaglehole, Ernest and Pearl, "Ethnology of Pukapuka", *Bernice P. Bishop Museum Bulletin* 150(Honolulu, 1938).

Beaglehole, Ernest, "The Ploynesian Maori", *The Journal of the Polynesian Society*, 49, 1 (New Plymouth, N. Z., 1934).

Beasley, H. G. "New Zealand Wooden Bowls", *Ethnologia Cranmorenses*, 3 (Cranmore Ethnographical Museum, 1938).

Beckwith, Martha Warren, ed., "Kepelino's Traditions of Hawaii", *Bernice P. Bishop Museum Bulletin* 80(Honolulu, 1931).

Beckwith, Martha, *Hawaiian Mythology*(New Haven, 1940).

Bennett, Wendell Clark, "Archaeology of Kauai", *Bernice P. Bishop Museum Bulletin* 80(Honolulu, 1931).

Best, Elsdon, "Polynesian Voyagers", *Dominion Museum Monograph* 5(Wellington, 1923).

Best, Elsdon, "Maori Religion and Mythology", *Dominion*

Museum Bulletin 10(Wellington, 1924a) .

Best, Elsdon, *The Maori*, Ⅰ – Ⅱ(Wellington, 1924b) .

Best, Elsdon, "Games and Pastimes of the Maori", *Dominion Museum Bulletin* 8(Wellington, 1925a) .

Best, Elsdon, "Maori Agriculture", *Dominion Museum Bulletin* 9(Wellington, 1925b) .

Best, Elsdon, "Tuhoe, The Children of the Mist", Ⅰ – Ⅱ(New Plymouth, N. Z. , 1925c) .

Best, Elsdon, "Maori Agriculture: Cultivated Food Plants of the Maori and Native Methods of Agriculture", *The Journal of the Polynesian Society*, Vol. 40, No. 1 (New Plymouth, N. Z. , March, 1931) .

Best, Elsdon, "Forest Lore of the Maori", *Memoir No. 19 of the Polynesian Society* (Wellington, N. Z. , 1942) .

Bishop, Edward Sereno, *Reminiscences of Old Hawaii*(Honolulu, 1916) .

Bishop, Marcia Brown, *Hawaiian Life of the Pre-European Period* (Peabody Museum of Salem, 1940) .

Bishop Museum Handbook, Part I, *The Hawaiian Collections* (Honolulu, 1915) .

Blackman, William Fremont, *The Making of Hawaii* (New York, 1906) .

Brigham, William T. , "Mat and Basket Weaving of the Ancient

Hawaiians", *Bernice P. Bishop Museum Memoirs*, Ⅱ, 1 (Honolulu, 1906) .

Brigham, William T. , "The Ancient Hawaiian House", Bernice *P. Bishop Museum Memoirs*, Ⅱ , 3(Honolulu, 1908) .

Brown, Forest B. H. , "Flora of Southeastern Polynesia", *Bernice P. Bishop Museum Bulletin* 84 (Honolulu, 1931) .

Brown, Forest B. H. , "Flora of Southeastern Polynesia, Ⅲ , Dicotyledons", *Bernice P. Museum Bishop Bulletin* 130 (Honolulu, 1935) .

Bryan, E. H. , Jr. , *Ancient Hawaiian Life* (Honolulu, 1938) .

Bryan, William Alanson, *Natural History of Hawaii* (Honolulu, 1915) .

Burrows, Edwin G. , " Ethnology of Futuna", *Bernice P. Bishop Museum Bulletin* 138 (Honolulu, 1936) .

Burrows, Edwin G. , "Ethnology of Uvea(Wallis Island) ", *Bernice P. Bishop Museum Bulletin* 145(Honolulu, 1937) .

Burrows, Edwin G. , "Western Polynesia, A Study in Cultural Differentiation", *Ethnological Studies*, Vol, 7 (Gothenburg Ethnographical Museum, 1938) .

Christian, F. W. , *Eastern Pacific Lands: Tahiti and the Marquesas Islands* (London, 1910) .

Collocott, E. E. V. , "Tales and Poems of Tonga", *Bernice P. Bishop Museum Bulletin* 46 (Honolulu, 1928) .

Cook, James, *A Voyage Towards the South Pole and Round the World*, I - II (London, 1777).

Cook, Captain James and King, Captain James, A Voyage to the Pacific Ocean. Undertaken by the Command of History Majesty, for Making Discoveries in the Northern Hemisphere. Performed under the Direction of Captains Cook, Clerke and Gore. In His Majesty's Ships the Resolution and Discovery, in the Years 1776, 1777, 1778, 1779 and 1780, I - III, album(London, 1785).

Cook, George H. , "Te Pito te Henuo, Known as Rapa Nui: Commonly Called Easter Island, South Pacific Ocean. Latitude 27°10', S. , Longitude 109°26' W. ", *Report of the U. S. National Museum, Under the Direction of the Smithsonian Institution, for the Year Ending June 30, 1897*(Washington, 1899).

Craft, Mabel Clare, *Hawaii Nei* (San Francisco, 1899).

Dalton, O. M. , "Notes on an Ethnographical Collection for the West Coast of North America(More Especially California, Hawaii, and Tahiti), Formed during the Voyage of Captain Vancouver 1790 - 1795, and Now in the British Museum", *Internationales Archive für Ethnographie*(Leiden, 1897).

Dickey, Lyle A. , "String Figures from Hawaii", *Bernice*

P. Bishop Museum Bulletin 54(Honolulu, 1928).

Dixon, Capt. George, *A Voyage round the World* (London, 1789).

Dixon, Roland B. , *The Mythology of All Races: Oceanic* (Boston, 1916).

Dixon, Roland B. , "The Problem of the Sweet Potato in Polynesia", *American Anthropologist*, Vol. 34 (Menasha, Wisc, 1932).

Dixon, Roland B. , "The Long Voyages of the Polynesians", *Proceedings of the American Philosophical Society*, Vol. 74(Philadelphia, 1934).

Dodge, Ernest S. , "Four Hawaiian Implements in the Peabody Museum of Salem", *Journal of the Polynesian Society*, 48, 3(Wellington, 1939).

Ellis, William, *Narrative of a Tour through Hawaii or Owhyhee*(London, 1827) 3rd ed. , pp. 376 – 377.

Ellis, William, *Polynesian Researches* I – IV(London, 1831).

Emerson, J. S. , *Manuscript Catalogue of Objects Sold to the Peabody Museum of Salem in the Peabody Museum*(1906).

Emerson, Nathaniel, "Underwritten Literature of Hawaii", *Bureau of American Ethnology Bulletin*, 38 (Washington, 1909).

Edge-Partington, James, *An Album of the Weapons, Tools, Or-*

naments, Articles of Dress etc. of the Natives of the Pacific Islands, I – Ⅲ(Manchester, 1890, 1895, 1898).

Emory, Kenneth P. , "The Island of Lanai, a Survey of Native Culture", *Bernice P. Bishop Museum Bulletin* 12(Honolulu, 1924).

Emory, Kenneth P. , "Archaeology of Nihoa and Necker Islands", *Bernice P. Bishop Museum Bulletin* 53(Honolulu, 1928).

Emory, Kenneth P. , "Sports, Games and Amusement", Chapter 14, *Ancient Hawaiian Civilization* (Honolulu, 1933).

Emory, Kenneth P. , "Manahiki: Inlaid Wooden Bowls", *Ethnologia Cranmorensis*, 4 (Cranmore Ethnographical Museum, 1939).

Fornander, Abraham and Thomas G. Thrum, "Hawaiian Antiquities and Folk-Lore", I – Ⅲ, *Bernice P. Bishop Museum Memoirs*, Ⅵ(Honolulu I , 1916 – 17; Ⅱ, 1918 – 19; Ⅲ, 1919 – 20).

Gifford, Edward Winslow, "Tongan Myths and Tales", *Bernice P. Bishop Museum Bulletin* 8(Honolulu, 1924).

Gonzalez, Felipe, *The Voyage of Captain Don—to Easter Island in 1770 – 1* (Cambridge: The Hakluyt Society, 1980).

Greiner, Ruth H. , "Polynesian Decorative Designs", *Bernice P. Bishop Bulletin* 7(Honolulu, 1923).

Hamilton, Augustus, *Maori Art*(Wellington, 1901).

Handy, E. S. Craighill, "The Native Culture in the Marquesas", *Bernice P. Bishop Museum Bulletin* 9(Honolulu, 1923).

Handy, E. S. Craighill, "Polynesian Religion", *Bernice P. Bishop Museum Bulletin* 34(Honolulu, 1927).

Handy, E. S. Craighill, " Marquesan Legends ", *Bernice P. Bishop Museum Bulletin* 69(Honolulu, 1930).

Handy, E. S. Craighill, Mary Kawena Pukui, Katherine Livermore, "Outline of Hawaiian Physical Therapeutics", *Bernice P. Bishop Museum Bulletin* 126(Honolulu, 1934).

Handy, E. S. Craighill, "The Hawaiian Planter: Volume Ⅰ: His Plants, Methods and Areas of Cultivation", *Bernice P. Bishop Museum Bulletin* 161(Honolulu, 1940).

Handy, Teuira, "Ancient Tahiti", *Bernice P. Bishop Museum Bulletin* 48(Honolulu, 1928).

Hillebrand, W. F. , *Flora of the Hawaiian Islands*(Heidelberg, 1888).

Hornell, James, "String Figures from Fiji and Western Polynesia", *Bernice P. Bishop Museum*(Honolulu, 1927).

Hornell, James, *Canoes of Oceania, Vol.Ⅰ. The Canoes of Pol-*

ynesia, Fiji and Micronesia(Honolulu, 1936) .

Jarvis, James J. , *History of the Hawaiian or Sandwich Islands* (Boston, 1843) .

Judd, Henry P. "Hawaiian Proverbs and Riddles", *Bernice P. Bishop Museum Bulletin* 77(Honolulu, 1930) .

La Perouse, *The Voyage of Round the Word, in the Years 1785, 1786, 1787 and 1788,* I – II (London, 1798) .

Lawrence, Mary S. , *Old Time Hawaiians and Their Work* (Boston 1912) .

Linton, Ralph, "The Material Culture of the Marquesas Islands", *Memoirs of the Bernice P. Bishop Museum*, Vol. VIII, No. 5 (Honolulu, 1923) .

Loeb, Edwin M. "History and Traditions of Niue", *Bernice P. Bishop Museum Bulletin* 32 (Honolulu, 1926) .

Macgregor, Gordon, "Ethnology of Tokelau Islands", *Bernice P. Bishop Museum Bulletin* 146 (Honolulu, 1937) .

Malo, David, *Hawaiian Antiquities* (Honolulu, 1903) .

McAllister, J. Gilbert, " Archaeology of Oahu ", *Bernice P. Bishop Museum Bulletin* 104 (Honolulu, 1933a) .

McAllister, J. Gilbert, "Archaeology of Kahoolawe", *Bernice P. Bishop Museum Bulletin* 115 (Honolulu, 1933b) .

Melville, Herman, Typee, *A Peep at Polynesian Life during a Four Months Residence in a Valley of the Marquesas*

(New York, 1855).

Métraux, Alfred, " Ethnology of Easter Island ", *Bernice P. Bishop Museum Bulletin* 160(Honolulu, 1940).

Morris, Frances, "Catalogue of the Musical Instruments of Oceanica and America", *Catalogue of the Crosby Brown Collection of Musical Instruments*, Vol. Ⅱ (The Metropolitan Museum of Art, New York, 1914).

Rice, William Hyde, "Hawaiian Legends", *Bernice P. Bishop Museum Bulletin* 3(Honolulu, 1923).

Roberts, Helen H. , " Ancient Hawaiian Music ", *Bernice P. Bishop Museum Bulletin* 29 (Honolulu, 1926).

Roberts, Major-General, *Moko or Maori Tattooing*(London, 1896).

Rodman, Rear Admiral Hugh, "The Sacred Calabash", *United States Naval Institute Proceedings*, Vol. Ⅲ , No. 8(Menasha, Wisc. 1927).

Rodman, Reprint of the above article, *The Journal of the Polynesian Society*, Vol. 37, No. 1 (New Plymouth, N. Z. , March, 1928).

Speck, Frank G. , *Gourds of the Southeastern Indians* (Boston, 1941a).

Speck, Frank G. , "The Gourd Lamp among the Virginia Indians", *American Anthropologist*, Vol. 43, No. 4 (Menasha, Wisc. 1941b).

Stokes, John F. G. , "Hawaiian Nets and Netting", *Bernice P. Bishop Museum Memoirs*, Vol. II , No. 1 (Honolulu, 1906).

Stokes, John F. G. , "Note on Rear Admiral Rodman's Article", *The Journal of the Polynesian Society*, Vol. 37, No. 1(New Plymouth, N. Z. March, 1928).

Stubbs, William C. "Report on the Agricultural Resources and Capabilities of Hawaii", *Unites States Department of Agriculture Bulletin* 95(Washington, 1901).

Te Rangi Hiroa(Peter H. Buck), "The Value of Tradition in Polynesian Research", *The Journal of the Polynesian Society*, Vol. 35, No. 3 (New Plymouth, N. Z. September, 1926).

Te Rangi Hiroa(Peter H. Buck), "The Material Culture of the Cook Island (Aitutaki) " (New Plymouth, N. Z. , 1927).

Te Rangi Hiroa (Peter H. Buck), "Samoan Material Culture", *Bernice P. Bishop Museum Bulletin* 75(Honolulu, 1930).

Te Rangi Hiroa(Peter H. Buck), "Ethnology of Manihiki and Rakahanga", *Bernice P. Bishop Museum Bulletin* 99 (Honolulu, 1932a).

Te Rangi Hiroa(Peter H. Buck) , "Ethnology of Tongareva", *Bernice P. Bishop Museum Bulletin* 92 (Honolulu, 1932b) .

Te Rangi Hiroa(Peter H. Buck) , "Ethnology of Mangareva", *Bernice P. Bishop Museum Bulletin* 157 (Honolulu, 1938a) .

Te Rangi Hiroa(Peter H. Buck) , *Vikings of the Sunrise* (New York, 1938b) .

Thomson, Arthur S. , *The Story of New Zealand,* I – II(London, 1859) .

Thomson, William J. "Te Pito te Henua or Easter Island", Report of the U. S. National Museum, Under the Direction of the Smithsonian Institution, for the Year Ending June 30, 1889(Washington, 1891) .

Thrum, Thomas G. , *More Hawaiian Folk Tales* (Chicago, 1923) .

Tregear, Edward, *The Maori-Polynesian Comparative Dictionary* (Wellington, 1891) .

Tregear, Edward, *The Maori Race*(Wanganui, N. Z. , 1904) .

Westervelt, W. D. , *Legends of Mavi: A Demi God of Polynesia and of His Mother Hira*(Honolulu, 1910) .

Westervelt, *Legends of Gods and Ghosts* (Boston and Londong, 1915) .

Wilder, Gerrit Parmile, "Flora of Rarotonga", *Bernice P. Bishop Museum Bulletin* 86 (Honolulu, 1931).

Winne, Jane Lathrop, "Music", *Ancient Hawaiian Civilization* (Honolulu, 1933).

Wise, John H. "Food and its Preparation", *Ancient Hawaiian Civilization* (Honolulu, 1933a).

Wise, John H. "Medicine", *Ancient Hawaiian Civilization* (Honolulu, 1933b).

| 附　图 |

附图 1

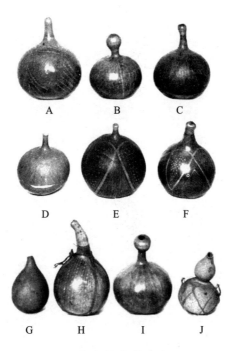

夏威夷的葫芦水壶

资料来源：塞勒姆市皮博迪博物馆。

附图 2

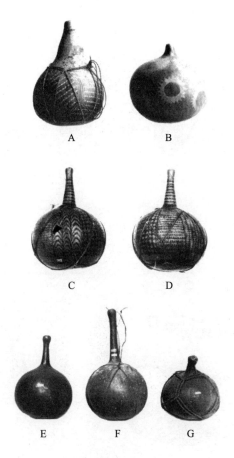

夏威夷的葫芦水壶

资料来源：A，B，E，F，G，伯妮丝·P. 毕晓普博物馆；C，D，哈佛大学皮博迪博物馆。

附图 3

A   B   C   D

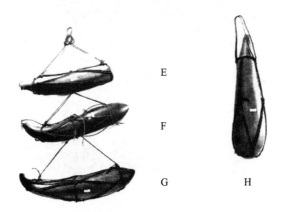

E

F

G   H

夏威夷的葫芦水壶

资料来源：A—C，塞勒姆市皮博迪博物馆；D—H，伯妮丝·P.
毕晓普博物馆。

附图 4

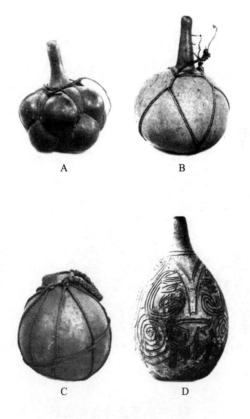

波利尼西亚的葫芦水壶

资料来源：A，C，伯妮丝·P. 毕晓普博物馆；B，塞勒姆市皮博迪博物馆；D：坎特伯雷博物馆。

附图5

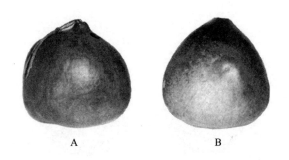

A   B

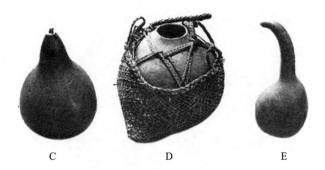

C   D   E

新西兰的葫芦水壶和盛器

资料来源：A，B，多明尼恩博物馆；C—E，坎特伯雷博物馆。

附图6

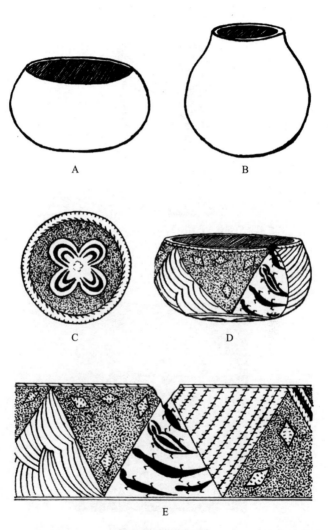

A

B

C

D

E

夏威夷的葫芦杯

附图 7

新西兰盛放鸟肉的葫芦

资料来源：伯妮丝·P. 毕晓普博物馆。

附图 8

夏威夷的葫芦箱

资料来源：伯妮丝·P. 毕晓普博物馆。

附图 9

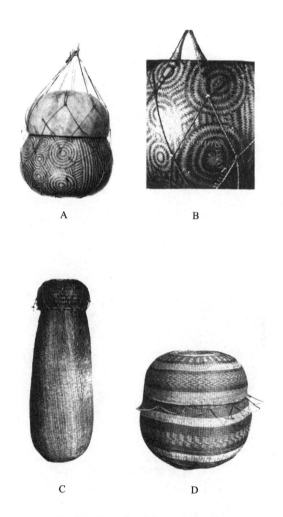

A   B

C   D

葫芦箱及其装饰和以编织品包裹的葫芦

资料来源：A，B，哈佛大学皮博迪博物馆；C，D，塞勒姆市皮博迪博物馆。

附图 10

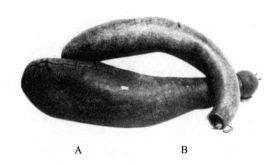

A   B

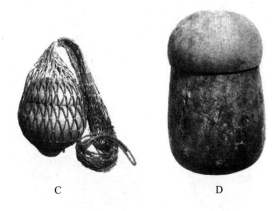

C   D

夏威夷的葫芦盛器

  资料来源：A，B，伯妮丝·P. 毕晓普博物馆；C，D，塞勒姆市皮博迪博物馆。

附图 11

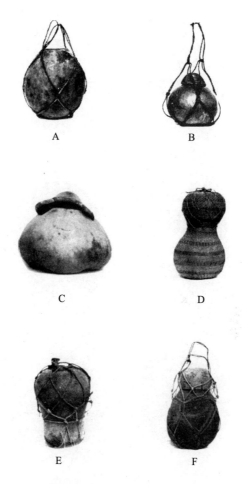

马克萨斯群岛的葫芦盛器（A，B）和
夏威夷的葫芦盛器（C，D，E，F）

资料来源：伯妮丝·P. 毕晓普博物馆。

附图 12

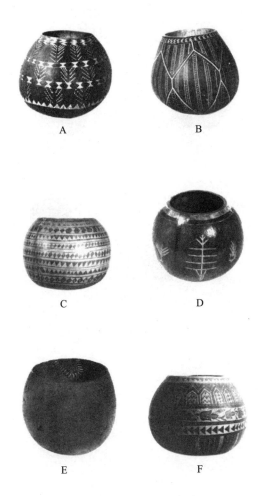

夏威夷的葫芦碗

资料来源：A，B，F，伯妮丝·P. 毕晓普博物馆；C，哈佛大学皮博迪博物馆；D，E，塞勒姆市皮博迪博物馆。

附图 13

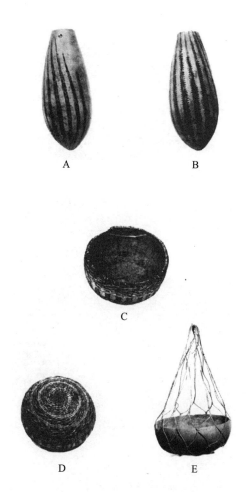

夏威夷的葫芦碗和葫芦盛器

资料来源：A—D，哈佛大学皮博迪博物馆；E，塞勒姆市皮博迪博物馆。

附图 14

A

B

新西兰的葫芦碗

资料来源：A，伯妮丝·P. 毕晓普博物馆；B，多明尼恩博物馆。

附图 15

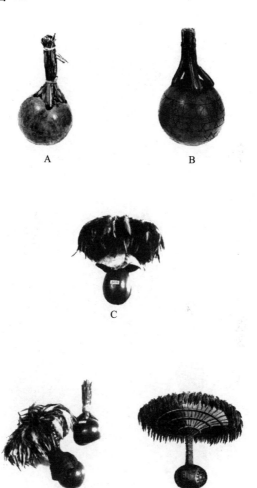

夏威夷的拨浪鼓

资料来源：A，B，塞勒姆市皮博迪博物馆；C—F，伯妮丝·P.
毕晓普博物馆。

附图 16

A

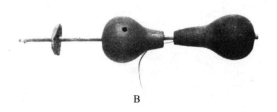

B

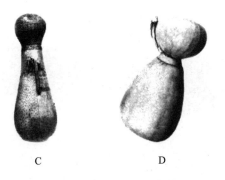

C   D

夏威夷的拨浪鼓和葫芦鼓

资料来源：A，B，塞勒姆市皮博迪博物馆；C，D，哈佛大学皮博迪博物馆。

附图 17

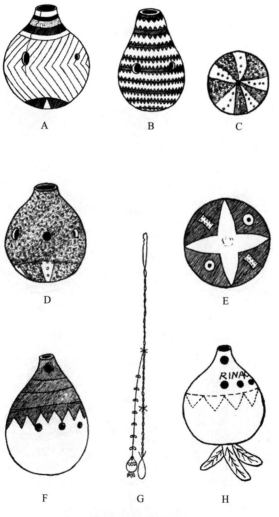

夏威夷的葫芦哨

附图 18

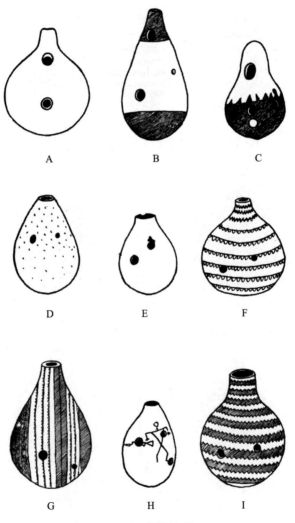

夏威夷的葫芦哨

附图 19

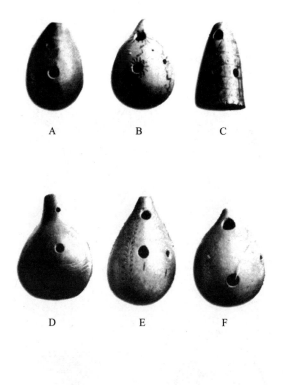

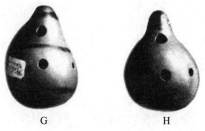

夏威夷的葫芦哨

资料来源：伯妮丝·P. 毕晓普博物馆。

附图 20

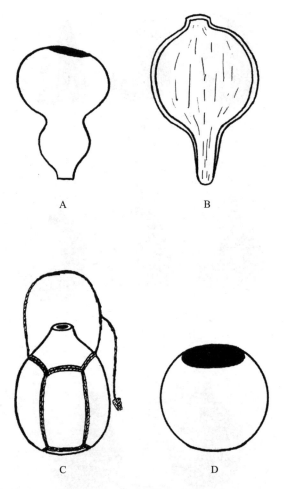

葫芦漏斗（**A**，**B**）、南方群岛
的葫芦水壶（**C**）和复活节岛的葫芦杯（**D**）

附图 21

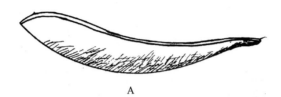

A

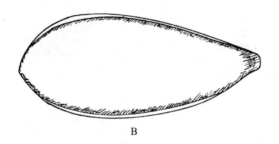

B

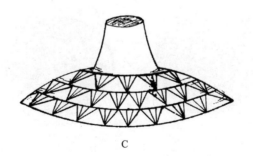

C

大浅盘（A，B）和基卢（C）

附图 22

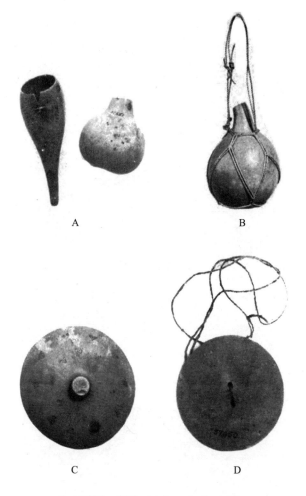

A   B

C   D

注射器和盛器（A）、水壶（B）、
噪声发生器（C）和基卢（D）

资料来源：A，D，哈佛大学皮博迪博物馆；B，C，塞勒姆市皮
博迪博物馆。

附图 23

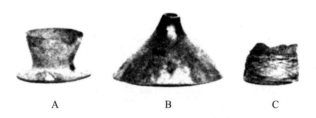

A   B   C

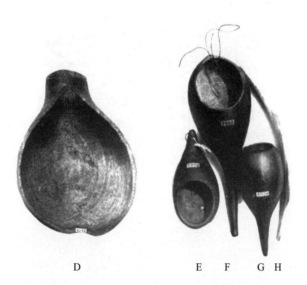

D   E F   G H

鱼线轴（C）、基卢（B）、过滤器（D）和
注射器（E－H）

资料来源：伯妮丝·P. 毕晓普博物馆。

附图 24

头戴葫芦面具的夏威夷人

资料来源:《库克的第三次航行》,第 66 幅插图。

附图 25

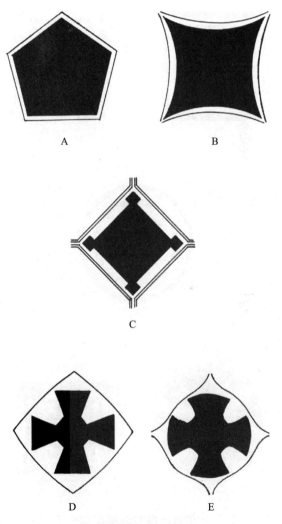

葫芦水壶底部的图案

附图 26

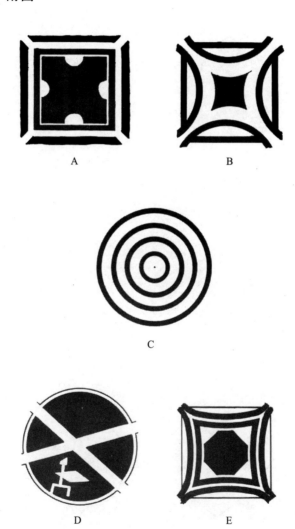

葫芦水壶底部的图案

附图 27

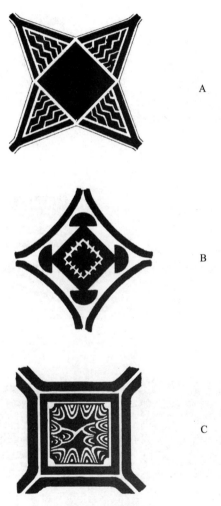

A

B

C

葫芦水壶底部的图案

附图 28

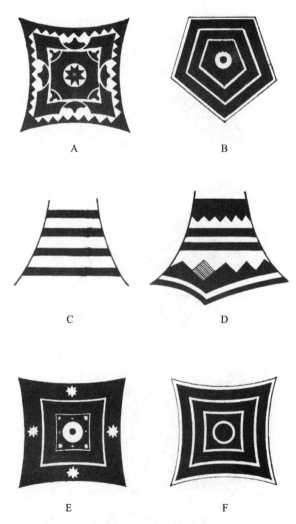

A   B

C   D

E   F

葫芦水壶颈部的图案

附图 29

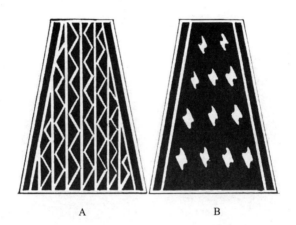

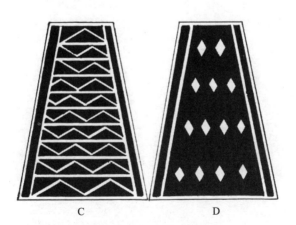

葫芦水壶侧面的图案

附图 30

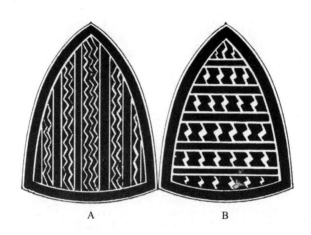

A   B

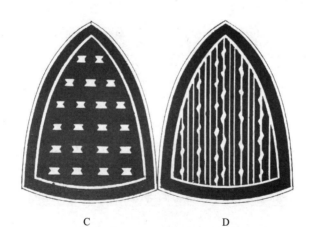

C   D

葫芦水壶侧面的图案

附图 31

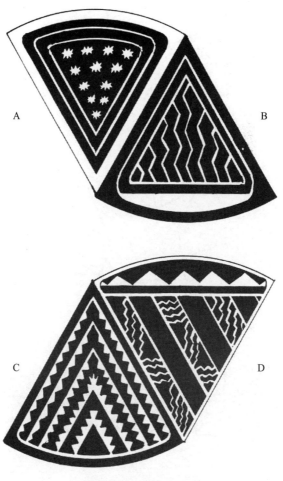

葫芦水壶侧面的图案

附图 32

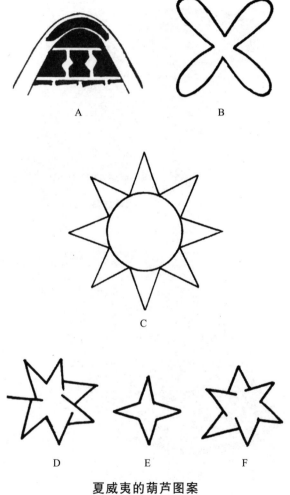

A B

C

D E F

夏威夷的葫芦图案

附图 33

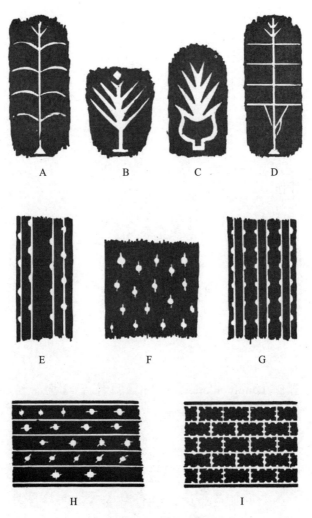

夏威夷的葫芦图案

翻译参考文献

著作

周定国主编《世界地名翻译大辞典》，中国对外翻译出版公司，2008。

郝时远、朱伦等：《世界民族——美洲和大洋洲》第8卷，中国社会科学出版社，2013。

刘华杰：《檀岛花事：夏威夷植物日记》，中国科学技术出版社，2014。

澳大利亚 Lonely Planet 公司：《孤独星球旅行指南系列——夏威夷》，中国地图出版社，2014。

澳大利亚 Lonely Planet 公司：《孤独星球旅行指南系列——新西兰》，中国地图出版社，2015。

约翰·吉尔伯特著，吕石明等编译《世界探险史——太平洋航运史》，台北：自然科学文化事业股份有限公司，1981。

论文

毛丹瑱：《新西兰药用民族植物学探究》，硕士学位论文，山东大学，2014。

李丽芳：《英诗中的语音效果》，硕士学位论文，武汉理工大学，2002。

唐俊荣：《史话夏威夷》，《中学历史教学参考》1999 年第 6 期。

金文驰：《毕晓普博物馆：夏威夷本土植物展示》，《生命世界》2017 年第 8 期。

王华：《文明入侵与夏威夷宗教生活的变迁（1778—1843)》，《南京大学学报》（哲学社会科学版），2012 年第 1 期。

王华：《现代性与夏威夷传统社会变革——对卡梅哈梅哈一世时代的历史考察》，《史学月刊》2016 年第 9 期。

王珉：《夏威夷民间传统音乐的形成与发展》，《中央音乐学院学报》2006 年第 2 期。

毛晓骅：《试论美国印第安音乐的特性》，《音乐天地》2006 年第 11 期。

| 译后记 |

　　葫芦不仅是一种自然瓜果，更是一种人文瓜果，具有悠久的种植历史和丰富的文化内涵。中国的葫芦文化源远流长，博大精深，涉及盛器、交通、饮食、医药、音乐、绘画、生殖、礼仪、宗教等诸多领域。我曾对中国的传统葫芦文化进行过系统的搜集、整理、概括与总结，并将其凝练为一首五言长诗，名曰《葫芦颂》，诗文如下：

前生谓壶卢，后世传谬误。
圆者称作匏，长者唤为瓠。
七月可食瓜，八月方断壶。
出门盛美酒，居家储五谷。
亚腰挂杏林，济世以悬壶。
大樽佩腰间，浮游于江湖。
琴埙箫笙竽，素器飘丝竹。
研绘烙刻雕，璞玉脱胎骨。
绵绵之瓜瓞，悠悠兮人初。

蔓蔓累硕果，代代享福禄。

新人须合卺，亡魂必归壶。

壶天有日月，仙境空虚无。

偌小一葫芦，若俗一圣物。

造化藏一瓢，天地蕴一壶。

　　葫芦不仅是中国的瓜果，更是亚洲的瓜果、世界的瓜果。在成书于 2300 多年前的印度史诗《罗摩衍那》中，就载有"葫芦生人"的神话传说；在距今约 3500 年的古埃及陵墓中，就刻有形象拙朴、线条柔和的葫芦图案；在距今约 5000 年的玛雅文化中，就记有一则关于葫芦创世的神话故事；在"孔雀之国"印度、"千佛之国"泰国、"金字塔之国"埃及、"铜矿之国"赞比亚、"彩虹之国"南非、"鸵鸟之国"肯尼亚、"仙人掌之国"墨西哥、"玉米之国"秘鲁、"山姆大叔"美国等国家，都留有葫芦文化的遗迹，而且葫芦至今仍在其居民生活中占有一席之地。然而，在太平洋深处的波利尼西亚地区，在这块远离大陆、漂于碧波之中的神秘土地之上，会不会也能够找寻到葫芦文化的印记呢？这成为始终萦绕在我心头的一个谜题。

　　一个偶然的机会，我在澳大利亚国家图书馆（National Library of Australia）的官方网站上无意中发现了由欧内斯特·S. 道奇（Ernest S. Dodge，1913 – 1980）先

生精心撰写的 *Gourd Growers of the South Seas*。这本藏在深闺人未识的葫芦文化专著，正是自己一直苦苦追寻、梦寐以求的一件无价之宝！真是"众里寻他千百度，蓦然回首，那人却在灯火阑珊处"。

该书于 1943 年出版（1978 年再版，并改名为 *Hawaiian and Other Polynesian Gourds*，即《夏威夷与波利尼西亚其他地区的葫芦文化》），是美国葫芦协会向社会重点推介的图书。该书内容翔实，图文并茂，从地理风情、葫芦作物、葫芦盛器、葫芦乐器、装饰艺术、神话传说等方面，对波利尼西亚地区的葫芦文化进行了较为系统全面的提炼和总结，是关于波利尼西亚地区葫芦文化的一部重要专著。作为葫芦文化的爱好者和研究者，我感觉极有必要将该书译为中文，以便让更多的国内民众能够深入地认识、了解波利尼西亚地区的葫芦文化、历史文化和民俗文化，进而为中国与波利尼西亚地区各国之间的民心互通和民间外交尽一点微薄之力。

本译著为山东省社会科学规划研究项目（编号：12DGLZ01）的最终成果。本书的翻译得到了美国葫芦协会的授权，我于 2017 年 10 月初向美国葫芦协会主席塞西尔·加里森（Cecile Garrison）发电子邮件征求其翻译许可，很快便收到了其肯定性回复。定居美国的王现凤同学，在与美国葫芦协会的沟通方面提供了很大帮助。在本书的翻译过程中，聊城大学太平洋岛国研究中心（Research Center for Pacific Island Countries of Liaocheng University）赵少峰教授对书稿进行了认真仔细的审校，南太平洋大学孔子学院（The Confucius Institute of the University of the South Pacific）的罗美芳老师提出了许多宝贵的修改建议，王菲同学对本书的所有附图进行了精心的修饰；另外，译者还参考了一些相关的学术著作、学术论文等文献资料。聊城大学太平洋岛国研究中心执行主任陈德正教授、聊城大学历史文化与旅游学院（The School of History, Culture and Tourism of Liaocheng University）院长李增洪教授、太平洋岛国研究创新团队（山东省高等学校青创人才引育计划立项团队）给予了鼎力支持和悉心指导。社会科学文献出版社国别区域分社张晓莉社长对本书的出版给予了大力支持，叶娟、肖世伟两位编辑对书稿进行了细致的校对和润色。本书的出版得到了 2019 年山东省学位与研究生教育质量强化建设项目（聊城大学世界史学科）的经费资助。在此，一并表示诚挚的感谢！

因翻译能力、写作水平所限，书中难免存在一些缺点和不足之处，衷心希望对葫芦文化有兴趣的朋友提出中肯的批评意见和建议，在此提前致以深深的谢意！

宋立杰

2020 年 8 月 8 日

图书在版编目（CIP）数据

南太平洋地区的葫芦文化／（美）欧内斯特·S.道奇
（Ernest S. Dodge）著；宋立杰译. -- 北京：社会科
学文献出版社，2021.7
书名原文：Gourd Growers of the South Seas—An
Introduction to the Study of the Lagenaria Gourd
in the Culture of the Polynesians
ISBN 978 - 7 - 5201 - 8511 - 0

Ⅰ.①南…　Ⅱ.①欧…　②宋…　Ⅲ.①葫芦科 - 文化
研究 - 波利尼西亚　Ⅳ.①Q949.782

中国版本图书馆 CIP 数据核字（2021）第 112679 号

南太平洋地区的葫芦文化

著　　者／〔美〕欧内斯特·S. 道奇（Ernest S. Dodge）
译　　者／宋立杰

出 版 人／王利民
责任编辑／张晓莉　叶　娟
文稿编辑／肖世伟

出　　版／社会科学文献出版社·国别区域分社（010）59367078
　　　　　地址：北京市北三环中路甲 29 号院华龙大厦　邮编：100029
　　　　　网址：www.ssap.com.cn
发　　行／市场营销中心（010）59367081　59367083
印　　装／三河市东方印刷有限公司

规　　格／开 本：889mm×1194mm　1/32
　　　　　印 张：7.25　字 数：132 千字
版　　次／2021 年 7 月第 1 版　2021 年 7 月第 1 次印刷
书　　号／ISBN 978 - 7 - 5201 - 8511 - 0
著作权合同
登 记 号　　／图字 01 - 2021 - 3591 号
定　　价／79.00 元